ESPÈCES INVASIVES

COLLECTION LE SAVOIR SUISSE

Cette collection a pour premier objectif d'offrir aux communautés universitaires de Suisse et à leurs instituts spécialisés un moyen de communiquer leurs recherches en langue française, et de les mettre à la portée d'un public élargi. Elle publie également des études d'intérêt général ainsi que des travaux de chercheurs indépendants, les résultats d'enquêtes des médias et une série d'ouvrages d'opinion.

Elle s'assure de la fiabilité de ces ouvrages en recourant à un réseau d'experts scientifiques. Elle vise la lisibilité, évitant une langue d'initiés. Un site web (www.lesavoirsuisse.ch) complète le projet éditorial. Il représente, dans une Suisse en quête de sa destinée au 21e siècle, une source de savoir régulièrement enrichie et il contribue à nourrir le débat public de données sûres, en situant l'évolution de nos connaissances dans le contexte européen et international.

La traduction de cet ouvrage a bénéficié de l'aide de la Fondation Oertli.

La publication des volumes de la *Collection* est soutenue à ce jour par les institutions suivantes :

Loterie romande – Fondation Fern Moffat de la Société Académique Vaudoise – Université de Lausanne – Université de Genève – Université de Neuchâtel – Fondation Sandoz – Fondation Leenaards

que l'Association « Collection Le savoir suisse » et l'éditeur tiennent ici à remercier.

Wolfgang Nentwig

ESPÈCES INVASIVES

Plantes, animaux et micro-organismes

Traduit de l'allemand
par Jean-Pierre Airoldi

COLLECTION
Le savoir suisse

Presses polytechniques et universitaires romandes

Conseillère scientifique de la Collection Le savoir suisse pour ce volume :
Nicole Galland-Vaucher

Titre original : *Invasive Arten*
Edition originale en langue allemande

Secrétariat de la Collection : *Christian Pellet*
Graphisme de couverture : *Emmanuelle Ayrton*
Illustration de couverture : *« feuille » © Blue Planet Images*
Maquette intérieure : *Allen Kilner, Oppens*
Mise en page et réalisation : *Marlyse Audergon*
Impression : *Swissprinters Lausanne SA, Renens*

La *Collection Le savoir suisse* est une publication des Presses polytechniques et universitaires romandes, fondation scientifique dont le but est principalement la diffusion des travaux de l'Ecole polytechnique fédérale de Lausanne et d'autres universités francophones. Le catalogue général peut être obtenu aux PPUR, EPFL – Rolex Learning Center, CH-1015 Lausanne, par e-mail à ppur@epfl.ch, par téléphone au (0)21 693 41 40 ou encore par fax au (0)21 693 40 27.

www.ppur.org

Première édition, 2012

ISBN 978-2-88074-917-0
ISSN 1661-8939 (Collection Le Savoir Suisse)

TABLE DES MATIÈRES

NOTE DU TRADUCTEUR

Le terme allemand *invasiv* ou anglais *invasive* signifie en français *qui envahit*. Il est traduit par *envahissant* ou *invasif*. Souvent ces deux termes sont considérés comme synonymes. Le terme *invasif* est utilisé en médecine pour désigner par exemple un cancer dont les métastases envahissent d'autres organes ou pour désigner une technique suivant son degré de pénétration du corps. Dans le cas d'organismes (champignons, plantes, animaux), il est en fait judicieux de faire une distinction entre *invasif* et *envahissant*, comme le font certains auteurs (cf. www.bretagne-environnement.org/especes-invasives/). Un organisme invasif colonise une région en dehors de son aire de répartition naturelle, on l'appellera aussi exotique, allochtone, non indigène par opposition à aborigène, autochtone, indigène. Il peut devenir envahissant ou non dans son nouvel habitat. Un organisme indigène envahissant prolifère dans son aire de répartition naturelle et étend ou non son aire de répartition naturelle. Dans cet ouvrage, on fait la distinction entre les deux termes. Un *organisme invasif* est un *organisme non indigène envahissant*.

Les termes allemands *Einschleppung/einschleppen*, et *Verschleppung/verschleppen*, sont difficiles à traduire. Suivant le contexte, nous les avons traduits par : *introduction involontaire* ou *non intentionnelle* ou *passive*, *importation*, *dissémination/introduire de manière involontaire* ou *non intentionnelle*, *importer*, *disséminer*.

Jean-Pierre Airoldi

REMERCIEMENTS

J'exprime ma reconnaissance à Alice Nentwig, Bruno Baur, Simon Knecht, Eva Knop, Sabrina Kumschick, Peter Neumann, Wolfgang Rabitsch, Niklaus Reusser, Yolanda Stocker et Marten Winter pour les nombreux conseils et renseignements, ainsi que pour la relecture d'une première version de ce texte. Ce livre a beaucoup profité de leurs informations complémentaires, améliorations et commentaires. J'adresse un merci particulier à Régine Balmer de la maison d'édition Haupt à Berne, pour sa bienveillance et son excellente coopération dans la publication de l'édition originale de ce livre en langue allemande.

La collection Le Savoir suisse remercie le professeur Daniel Cherix, de l'Université de Lausanne, de ses conseils pour l'adaptation française de l'ouvrage.

1

POURQUOI DES ESPÈCES INVASIVES ?

Formation des espèces et adaptation

La formation des espèces, qu'il s'agisse de micro-organismes, de champignons, de plantes ou d'animaux, est l'histoire de l'adaptation à leur environnement. Elle se réalise grâce à deux propriétés importantes que possèdent tous les organismes : lors de la reproduction sexuée, la recombinaison du génome conduit rapidement à des différences entre les parents et leurs descendants, mais également entre ces derniers. De plus, toutes les espèces produisent plus de descendants que leur environnement ne peut en héberger. Les modifications génétiques sont non directionnelles : elles peuvent être avantageuses aussi bien que nuisibles. Dans la plupart des modifications, on ne peut déceler a priori un avantage ou un désavantage, c'est pourquoi on les considère tout d'abord comme neutres. Précisons encore que l'environnement d'une espèce peut être biotique, c'est-à-dire lié à d'autres êtres vivants, ou abiotique, sans liens avec eux. Il n'est jamais constant, mais sujet à des variations continuelles.

Les descendants d'un couple parental présentant entre eux des différences minimes dans un environnement hétérogène ont des probabilités de survie différentes. Si un habitat en passe de se modifier devient un peu plus sec, parce qu'une rivière a changé son cours ou que les précipitations ont diminué, il est envisageable, par exemple, chez certains individus d'une espèce de coléoptères, qu'une modification précédemment sans importance de leur enveloppe externe (cuticule) leur offre une meilleure protection contre l'évaporation. Ils auront de ce fait une plus grande résilience, atteindront le stade reproductif plus tôt et transmettront cette mutation à leur progéniture. Tous les individus de la même espèce n'ayant pas subi cette mutation auront plus de peine à s'affirmer et le nombre moyen de leurs descendants sera plus faible. De ce fait, après quelques générations seulement, tous les individus de cette espèce de coléoptères posséderont cette protection améliorée contre l'évaporation.

Des mutations directement avantageuses ont donc une très grande valeur sélective: elles contribuent au maintien d'une espèce dans son environnement stimulant. Il en va de même des mutations désavantageuses. Elles conduisent plus ou moins vite à la mort de l'individu. Mis à part ces mutations néfastes, toutes les autres sont conservées dans la population et conduisent à une variabilité accrue du caractère en question. Plus une population est nombreuse et plus la durée de son existence dans un habitat donné est longue, plus se différencient ses caractères. Puisque dans un environnement variable les caractères neutres peuvent également présenter un avantage sélectif, ils constituent une assurance pour le futur.

On peut partir du fait que les espèces habitant un environnement donné résultent d'une longue durée d'adaptation et sont adaptées à leur milieu avec un maximum de finesse. Cette durée d'adaptation correspond en Europe centrale au temps de recolonisation qui suivit le retrait des glaciers lors de la dernière glaciation, il y a environ 12 000 ans. Cela représente pour la plupart des plantes annuelles et des insectes un nombre équivalent de générations. Comme la majorité des espèces existant actuellement remontent à une époque précédant les glaciations et que les périodes glaciaires ont pu subsister plus longtemps en diverses zones, on peut admettre des temps d'adaptation nettement plus longs.

Espèces indigènes, biodiversité et coévolution

Les espèces ayant évolué dans un habitat donné sont considérées comme les espèces indigènes ou autochtones et l'expression de leurs multiples caractéristiques peut être désignée par le terme *biodiversité*. En plus du nombre d'espèces, c'est la variété globale d'un habitat qui compose également la diversité génétique de chaque espèce. Ainsi, dans la biodiversité d'un milieu on inclut aussi la durée de son évolution, y compris celle de chacune des espèces qui y vivent.

Grâce au temps dont elles ont disposé, les espèces vivant ensemble dans un habitat donné ont pu s'adapter à leur environnement, assez pour pouvoir y survivre. Les espèces ont dû aussi s'adapter les unes aux autres, ce qui entraîne des effets variés : les proies peuvent apprendre à éviter leurs prédateurs, mais ceux-ci peuvent améliorer leur technique de détection des proies. Les insectes phytophages s'adaptent de mieux en mieux aux plantes dont ils se nourrissent, qui à leur tour synthétisent des substances de défense de plus en plus efficaces pour se débarrasser de certains de leurs ennemis phytophages.

De nombreuses espèces ont développé des relations encore plus proches. On remarque par exemple des relations de dépendance étroites entre les plantes à fleurs et leurs pollinisateurs. Plusieurs espèces de pucerons, cicadelles ou chenilles de papillons ne sont en mesure de survivre qu'en étroite association avec diverses espèces de fourmis. De nombreux parasites se sont spécialisés sur une seule ou un nombre restreint d'espèces-hôtes, déployant de sérieux efforts pour les trouver avec précision. Des relations de dépendance extrêmes existent chez de nombreux arbres ou chez les orchidées, qui abritent une espèce de champignon qui subsiste grâce aux produits de la photosynthèse propre à la plante, laquelle en retour obtient du champignon des composés phosphorés et azotés. Aucun des partenaires ne peut plus vivre sans l'autre.

De tels liens entre espèces témoignent d'une longue histoire de développement commun que l'on peut appeler *coévolution*. Ce terme se rapporte généralement à des habitats riches en espèces qui ont pu se développer pendant des périodes de longue durée.

CHANGEMENTS CLIMATIQUES ET ESPÈCES INVASIVES

Les changements climatiques actuels causés par l'homme et la dissémination d'espèces non indigènes sont deux processus très dynamiques, mais les deux phénomènes ont des causes indépendantes. En revanche, leurs modalités et leurs effets ne sont pas sans liens, car il est de plus en plus clair que le premier exerce une influence sur le deuxième.

Les limites naturelles de distribution de nombreuses espèces se sont déplacées à la suite des changements climatiques, dont les effets ont été tantôt positifs, tantôt négatifs. Mais comme bien des espèces invasives sont plus tolérantes que les indigènes par rapport à leur environnement, elles sont avantagées. En Europe, des températures moyennes plus élevées sont à prévoir et de nombreuses espèces d'ailleurs pourront plus facilement y prendre pied. Les espèces non européennes qui se sont déjà établies dans la région méditerranéenne pourront poursuivre leur expansion plus aisément vers le centre du continent. Les espèces proprement méditerranéennes étendront leur aire de répartition vers le nord.

Des hivers plus doux permettent un hivernage hors des aires actuelles, notamment pour les plantes ou les invertébrés, mais favoriseront également la survie en dehors des endroits privilégiés par la température, comme les serres. Maintenant déjà, des espèces invasives qui vivaient au centre des villes sous forme de populations insulaires, peuvent s'étendre à la périphérie. Des journées estivales plus chaudes allongent la phase de reproduction et permettent des vols de dispersion plus étendus, notamment chez les insectes (Walther *et al.* 2009).

Au cours des deux dernières décennies, les informations au sujet de nouveaux ravageurs de végétaux tels que les thrips (*Thysanoptera*), les pucerons (*Aphidoidea*) ou les cochenilles (*Coccoidea*) se sont multipliées. De même, on a mis en évidence des diptères, avant tout les phlébotomes (*Phlebotominae*) et les moustiques (*Culicidae*) ou des arachnides (par exemple les tiques, *Ixodidae*), qui transmettent diverses maladies à l'espèce humaine et aux animaux domestiques. La plupart de ces espèces sont thermophiles ou sont ainsi avantagées par l'évolution du climat.

Répartition naturelle

La dimension de l'habitat qu'occupe une espèce varie évidemment. Il existe des espèces dont l'aire de répartition couvre par exemple tout un continent. Il y en a d'autres, nombreuses, à aires restreintes. On ne les rencontre que dans un système fluvial, ou sur une île ou le long d'une crête de montagne. Ces espèces ont par le passé connu une histoire de répartition et de colonisation différente. Certaines ne se sont pratiquement pas éloignées de leur région d'origine, alors que d'autres ont fortement étendu leur aire.

En principe, les possibilités d'extension de chaque espèce sont restreintes. Les côtes marines constituent une limite d'expansion pour la plupart des espèces continentales. A l'inverse, l'expansion d'organismes marins sera restreinte par l'obstacle des continents. Les cours d'eau ou lacs circonscrivent la présence des espèces qui y vivent. De grands massifs montagneux comme les Alpes représentent une barrière infranchissable pour de nombreuses espèces, de même que les vastes zones arides du Sahara. Un climat saisonnier trop froid, humide ou chaud peut avoir un effet de barrière au même titre que l'absence d'une plante-hôte pour un herbivore ou d'un organisme pollinisateur spécialisé. Ces barrières biogéographiques définissent les aires de répartition naturelles des espèces.

L'espace que peut occuper une espèce dans ces conditions est ainsi appelée une aire de répartition naturelle. Certaines espèces ont une répartition avant tout locale et restent sans potentiel d'expansion notable. On a vu en revanche d'autres espèces très mobiles et souvent peu exigeantes étendre leur aire de répartition à l'Europe entière et au-delà. Si l'on fait abstraction de ces espèces très mobiles ou très immobiles, la vitesse d'expansion moyenne des espèces est plutôt faible. Elle s'élève souvent à moins de cent mètres par génération, si bien que la recolonisation postglaciaire de l'Europe centrale a duré plusieurs millénaires et n'est pas encore terminée actuellement pour de nombreuses espèces.

Ce potentiel d'expansion n'est pas constant, car il peut changer selon la qualité de l'habitat. Pour la plupart des espèces, l'aire de répartition potentielle s'est accrue, ainsi que leur dynamique de colonisation, au cours des différentes phases de l'histoire de la Terre, et en Europe surtout lors de la recolonisation postglaciaire, en relation avec les conditions climatiques. La disponibilité de nouvelles régions libres de glace, après le retrait des glaciers, a conduit plusieurs espèces à une extension que l'on peut considérer comme un processus naturel. Le réchauffement climatique progressif, d'origine récente, entraîne également une modification de l'aire de colonisation d'un grand nombre d'animaux et de plantes, qui trouvent de nouveaux espaces appropriés. Ainsi leurs aires se déplacent, mais à l'inverse beaucoup d'espèces disparaissent de zones marginales inadéquates. Leur aire se rétrécit. Ces deux processus sont naturels, même si le réchauffement climatique actuel est dû à l'homme, donc anthropogène.

On peut en déduire que l'immigration d'espèces, en soi, est un phénomène naturel, pour autant que les espèces parviennent dans un nouvel espace grâce à leurs propres moyens.

Espèces non indigènes ou allochtones

Contrairement à l'expansion naturelle, celle des espèces non indigènes se distingue par trois caractéristiques : elle ne se produit que (1) par l'intervention humaine, (2) par-dessus les frontières biogéographiques et (3) en un laps de temps court. Pour la région dans laquelle de nouvelles espèces sont introduites, celles-ci sont dites non indigènes ou exotiques. Et tel est le processus qui va être décrit dans le présent ouvrage.

Lorsque l'espèce humaine, au cours de sa propre évolution, a conquis la Terre et colonisé continuellement de nouvelles régions, elle a emmené avec elle, de manière intentionnelle ou non, des plantes et des animaux, qui de ce fait sont sortis de leur aire de répartition originelle. Au début, cette dissémination de plantes et d'animaux domestiques avait pour but de répondre aux besoins alimentaires de l'espèce humaine. Cependant, des ravageurs de plantes domestiques, des parasites et des agents pathogènes des animaux domestiques et des êtres humains furent du même coup propagés de manière passive, tout comme les ravageurs de produits de stockage et tout un éventail d'espèces transportées à l'insu des hommes dans leurs armes et bagages. Au cours de l'histoire des migrations humaines, le nombre de ces espèces a augmenté continuellement.

Dans cette conquête du monde, si on fait exception de l'époque moderne, les êtres humains dépendaient de leur propre force et se déplaçaient à pied. L'Australie et l'Amérique n'ont été accessibles que pendant une phase très particulière des glaciations, il y a respectivement 60 000 ans et 15 000 ans, lorsque le niveau marin était plus bas. A l'occasion plusieurs îles éloignées ont pu être atteintes par bateaux. De telles traversées furent cependant dangereuses et des liaisons régulières pouvaient rarement être maintenues.

Cette situation changea en Europe grâce aux vaisseaux capables d'affronter la haute mer et par les connaissances acquises par les navigateurs, progrès acquis à partir du 15e siècle. La découverte antérieure de l'Amérique du Nord par les Vikings (Leif Eriksson vers l'an 1000) n'a pas conduit à une colonisation durable et de ce fait Christophe Colomb découvrit en 1492 l'Amérique du Nord pour la seconde fois ; Vasco de Gama

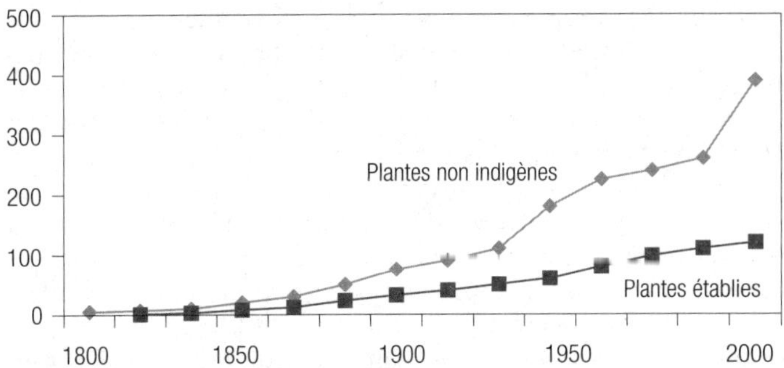

Augmentation du nombre de plantes non indigènes (chiffres à gauche) par rapport au nombre de plantes établies de manière permanente sur les îles Galápagos.

Source : d'après Myers et Bazely (2003).

longea les côtes africaines jusqu'aux Indes et, quelques années plus tard, Magellan fit le tour de la Terre (1519-1522). Pendant les siècles de l'ère coloniale qui suivit, un réseau de plus en plus dense de communications marines entre toutes les parties du monde fut mis en mouvement, conduisant aux relations commerciales intenses que l'on connaît. Après la Seconde Guerre mondiale (1939-1945), la phase de colonisation fut relayée par la globalisation et le début du transport aérien de masses.

Le point-zéro des espèces non indigènes

A notre époque, des espèces peuvent être transportées en 24 heures d'une extrémité de la Terre à l'autre, manifestant leur capacité de survie sur de telles distances. Mais il faut se rappeler que cette dynamique n'a pris son élan qu'à partir de Christophe Colomb. Elle n'a qu'un demi-millénaire. Depuis la découverte du Nouveau Monde en 1492, la circulation des biens et des personnes a augmenté lentement, mais de manière continue, de même que le nombre d'espèces non indigènes, transportées et introduites sur toute la surface de la Terre. De ce fait, la date ci-dessus, parfois arrondie à 1500, est considérée globalement comme le début de l'apparition d'espèces non indigènes.

Il est judicieux de fixer ce *point-zéro*. Il convient en effet d'établir une claire distinction entre le phénomène récent d'introduction d'espèces non indigènes et les processus historiques du passé. Même si les Romains ont, par leurs livraisons de céréales, contribué à l'établissement jusqu'en Germanie des mauvaises herbes les plus communes de la Méditerranée européenne, ce processus ne ressemble qu'en apparence au transport moderne de semences de trèfle du Canada en Europe, par lequel des mauvaises herbes canadiennes s'établirent en Europe. Fixer la date-limite à 1500 peut paraître arbitraire, mais elle a été choisie de manière adroite. Si l'on écrit l'histoire de l'apparition d'espèces non indigènes, on constate certes pour l'Europe une première vague de nouvelles espèces à l'époque de l'Empire romain. Mais au cours du changement climatique subséquent, qui déclencha les migrations des peuplades germaniques du 4e au 6e siècle et l'effondrement de l'ordre romain (Nentwig 2005), ainsi que pendant les presque 1000 ans de permanence sociale du système chrétien et féodal du Moyen Age, le nombre d'espèces non indigènes n'augmenta guère. Ce n'est qu'à l'avènement de la Renaissance que la situation changea fondamentalement et conduisit à un essor d'espèces non indigènes, dites aussi allochtones, qui persiste encore de nos jours.

Certes la date de 1492 comme point-zéro semble quelque peu artificielle et découle manifestement de notre vision eurocentrique du monde. Si cette limite liminaire est justifiée dans la plupart des cas et satisfait notre besoin de clarification conceptuelle, du point de vue écologique, une définition fonctionnelle semble toutefois préférable. Celle-ci se réfère aux limites biogéographiques entre les continents, aux critères de l'expansion naturelle et à la capacité autonome des espèces d'atteindre un nouvel habitat.

Au cours de l'histoire, maints transports d'espèces eurent lieu entre régions voisines. Mais l'introduction par les Romains d'animaux et de plantes domestiques par exemple, fut circonscrite à l'Europe. Pour l'essentiel, ce n'est qu'à partir de 1492 qu'il fut possible de disséminer des espèces en un temps de plus en plus court à travers des limites biogéographiques, par exemple d'outre-mer en Europe. Des plantes et des animaux apparurent dans des habitats dans lesquels ils n'auraient jamais pu s'établir de manière naturelle. De ce fait, soulignons une différence de principe entre une mauvaise herbe introduite par les Romains à partir de la zone méditerranéenne en Europe centrale et l'importation d'une espèce originaire du Canada.

Considérant l'importance des limites biogéographiques, il est souvent peu raisonnable de déclarer «non indigène» une espèce venant d'un pays voisin. Les frontières politiques sont sans importance en l'occurrence et il est dans l'ordre naturel que certaines espèces étendent leur aire de répartition à une région voisine, notamment à la suite de modifications à grande échelle de l'utilisation des sols ou sous l'effet de changements climatiques. A proprement parler, l'appellation d'«espèce non indigène» ne se justifie que lorsqu'une barrière biogéographique d'importance a été franchie. Et tel est le cas sans le moindre doute pour une plante nord-américaine importée en Europe, ou en règle générale pour une espèce méditerranéenne qu'on voit surgir en Scandinavie. Ne déclarons pas une espèce non indigène si elle a étendu son habitat des Pays-Bas au nord de l'Allemagne. La notion d'espèce non indigène implique le plus souvent (pour le moins du point de vue européen) un caractère extracontinental.

Le passage de barrières naturellement infranchissables joue, conjointement avec le temps très court pour effectuer le trajet, un rôle déterminant. L'apparition soudaine d'une espèce provenant d'une région biogéographique lointaine ne permet pas une adaptation évolutive des espèces indigènes et non indigènes. L'irruption de ces nouveaux venus peut produire des effets dramatiques sur les espèces indigènes. Celles-ci s'étaient longuement adaptées à leur environnement et manquent par conséquent du temps nécessaire pour faire face à une situation inédite et il leur arrive de se raréfier ou même de disparaître localement.

Les plantes non indigènes sont aussi appelées *néophytes*; chez les animaux on parle de *néozoaires* et chez les champignons de *néomycètes*. Le terme général pour tous les organismes non indigènes est *néobiotes*. Pour les espèces introduites avant 1492 on parle d'*archéophytes*, d'*archéozoaires*, d'*archéomycètes* et d'*archéobiotes*. Nous discuterons à la page 124 les implications ambiguës du préfixe «néo».

Pourquoi y a-t-il de plus en plus d'espèces non indigènes ?

La mobilité accrue et la globalisation ont conduit à l'apparition de plus en plus fréquente d'espèces non indigènes. La plupart d'entre elles ne parviennent pas à s'établir dans leur nouveau séjour et disparaissent. Parfois quelques rares individus peuvent se maintenir ici ou là, sans que la population de l'espèce ne puisse s'accroître de manière perceptible. Mais on observe un faible nombre d'espèces non indigènes qui se comportent de manière opposée: elles prolifèrent, elles étendent leur aire de répartition et manifestent rapidement leurs effets négatifs sur l'environnement. Telles sont les espèces appelées *invasives* (voir sur ce mot la note du traducteur en début d'ouvrage), avec les caractéristiques suivantes : leurs effets négatifs sur la biodiversité indigène, les dégâts qu'elles causent sur le plan économique et leurs effets nuisibles sur la santé des êtres humains.

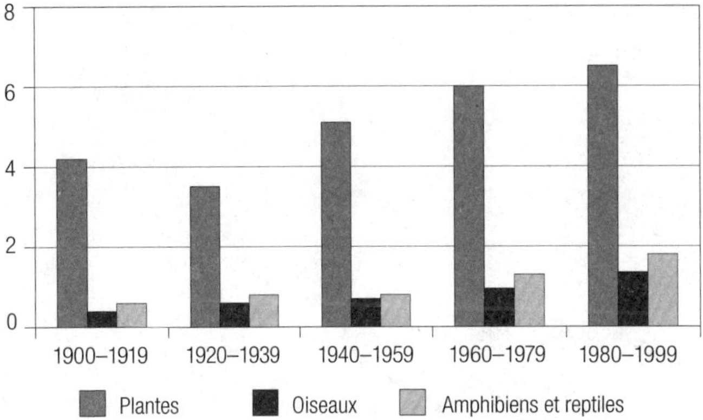

Augmentation (en %) des espèces de plantes, oiseaux, amphibiens et reptiles non indigènes nouvellement inventoriées et qui se sont établies en Europe, par tranches de 20 années.

Source : modifié d'après Hulme *et al.* (2009b).

Les phases de l'invasion

Ne nous étonnons pas que la plupart des espèces non indigènes soient incapables de survivre dans leur nouvelle implantation ou n'apparaissent pas comme espèces invasives : leur nombre et leur influence passent souvent inaperçus. Grande est la différence entre l'habitat d'origine, situé la plupart du temps sur un autre continent, et le nouveau milieu. Dans le cas d'une introduction non intentionnelle, leur présence intervient sans processus de sélection ni de « test d'aptitude » par rapport au nouvel habitat. Celui-ci, dans de nombreux cas, est inadéquat. Mais nous ne devons pas nous rassurer du fait que certaines espèces introduites ne soient pas estimées invasives à première vue. Un examen prolongé peut détecter leur caractère néfaste après un certain laps de temps. Elles peuvent s'adapter en quelques années aux nouvelles conditions de vie, ou après des décennies ou mêmes des siècles. On peut, dans un processus d'invasion, distinguer différentes phases, présentées dans la figure ci-dessous.

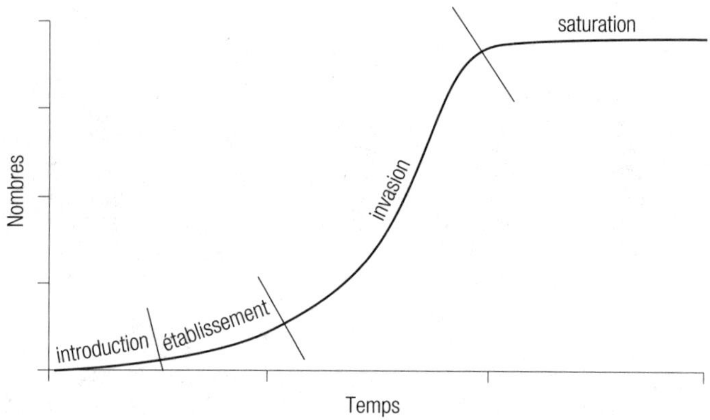

Le processus d'invasion : quatre phases à diverses vitesses de croissance.

Phase 1 – Introduction ou *importation* d'une espèce non indigène. En règle générale, il ne s'agit que de quelques individus et leur taux d'accroissement est faible. Leurs descendants n'ont pas encore d'impact sur les espèces indigènes et ne constituent pas encore de menace.

Phase 2 – Etablissement et *adaptation* au nouvel habitat. Le nombre d'individus reste faible, mais suffit à assurer un lent accroissement de la densité de population. L'influence sur les espèces indigènes demeure faible et les dégâts sur le plan économique sont insignifiants. Cette période d'accoutumance est variable suivant la situation et sa durée difficile à estimer. Le fait frappant est la grande dispersion des données disponibles. Certaines espèces d'arbres sont passées inaperçues pendant 400 ans, alors que d'autres sont devenues invasives en trois décennies. On observe à l'heure actuelle des délais beaucoup plus courts dans les régions tropicales qu'en zones tempérées. Les prévisions pour les animaux sont encore plus difficiles à formuler. Beaucoup de mammifères en Europe ne présentent pas de phase d'acclimatation notable, mais se reproduisent de façon maximale dès le début. Il y a cependant des espèces comme la bernache du Canada (*Branta canadensis*), qui pendant 300 ans est restée plutôt discrète en Angleterre, puis est devenue invasive, alors qu'en Suède, cette phase a été atteinte en 40 ans. Ces phases d'acclimatation ou ces délais constituent moins un instrument de prévision qu'un temps d'avertissement : on ne peut pas tirer de conclusions du fait qu'une espèce importée soit demeurée discrète et rare pendant des décennies ou des siècles. La situation peut changer d'une année à l'autre et varier totalement suivant l'habitat ou l'espèce en question.

Phase 3 – Invasion. Un fort accroissement de population se manifeste sur un territoire de plus en plus étendu. On parle dans ce cas d'une invasion biologique. L'influence sur les espèces indigènes s'accroît et peut atteindre une grande ampleur. Les dégâts économiques augmentent.

Phase 4 – Saturation. Tous les habitats favorables de la zone nouvellement colonisée sont occupés et une expansion ultérieure n'est plus possible. L'impact sur les espèces indigènes est généralement important, les écosystèmes peuvent être fortement modifiés avec des dégâts économiques graves.

Estimation de la menace

Quelle est la probabilité qu'une espèce introduite s'établisse et qu'elle élargisse son aire de répartition jusqu'à devenir invasive ? Répondre à une telle question est difficile. Bien des plantes ou des animaux introduits, qui n'ont pas pu se fixer, ne sont jamais détectés. Le nombre d'espèces observées représente donc un minimum. Il est de plus impossible d'estimer si une espèce établie se trouve encore dans la phase d'acclimatation ni si elle deviendra invasive. Une réponse sur ce point restera toujours une valeur hypothétique minimale.

Autrefois, sur la base d'analyses d'un certain nombre de plantes invasives, on parlait de la probabilité de 10% de passer de la phase 1 à la phase 2, puis de celle-ci à la phase 3 (ce fut « la règle des 10% », Williamson 1996). Par conséquent, seul 1% de toutes les espèces introduites deviendrait invasif. En effet, on observe chez les plantes de multiples cas d'introduction, dont seule une petite proportion parvient à la fixation et à l'invasion. Mais il en va différemment de la plupart des animaux. Actuellement, nous savons que la « règle des 10% » amène à une sous-estimation et que la probabilité d'établissement et d'expansion varie très fortement suivant les organismes et les habitats. Le tableau ci-dessous montre les limites de fluctuation provenant de diverses analyses. De telles données montrent que pour la plupart des groupes d'animaux, les probabilités d'établissement et d'expansion sont de l'ordre de 50%.

Probabilités moyennes d'établissement et d'expansion d'espèces non indigènes.

	probabilité d'établissement (%)	probabilité d'expansion (%)
plantes	22	17
insectes	10-80	30-45
poissons	55	60
oiseaux	15-95	35
mammifères	60-100	50-60

D'après Jeschke et Strayer (2005).

Le réchauffement climatique favorise l'invasion des espèces non indigènes

En résumé, on peut dire que l'importation continue d'espèces non indigènes entraîne une première conséquence claire :

un nombre sans cesse croissant, parmi elles, se trouve en phase d'établissement. Une incertitude subsiste sur leur phase d'acclimatation, mais la probabilité est relativement élevée que ces espèces passent aux phases d'expansion et d'invasion. Il faut admettre que leur nombre va augmenter à l'avenir. Tel serait le cas même si dorénavant aucune nouvelle espèce n'était introduite.

Notons un facteur aggravant : dans les prochaines décennies les conditions environnementales vont se modifier en faveur des espèces non indigènes. Parmi celles-ci, beaucoup viennent de régions plus chaudes et le réchauffement climatique devrait donc augmenter leurs chances. En Suisse, au 20e siècle, les températures ont augmenté de 1,3 à 1,7°C en cent ans au nord des Alpes et de 1°C au sud (Rebetez 2011). A la suite de cette évolution, le nombre de néobiotes qui vont s'établir augmentera donc encore.

Pourquoi une espèce devient-elle invasive ?

Considérons une espèce invasive et comparons sa situation écologique dans la zone d'origine et dans son aire d'invasion. On remarque fréquemment qu'elle se comporte différemment d'un cas à l'autre. Souvent, dans le premier, elle est plutôt discrète et parfois même rare, n'atteint qu'une taille faible ou un nombre limité de descendants et n'agit pas de manière apparente sur son environnement. En revanche, dans la région envahie, la même espèce se multiplie et peut acquérir une grande taille. Pourquoi ? Nombre d'études scientifiques se sont attachées, par des analyses fines, aux caractéristiques propres aux néophytes. Les cas de succès étaient dus par exemple au nombre de graines, à des mécanismes de dissémination efficaces, à une croissance rapide, à un pouvoir compétitif élevé ou à la capacité de se disperser. Malheureusement, leurs résultats se sont rarement révélés d'un grand secours.

De même, pour les animaux, on mesure le nombre de descendants. En général, ce sont plutôt des espèces peu exigeantes, présentant certaines affinités avec l'espèce humaine et s'établissant facilement. Dès lors elles peuvent ainsi devenir invasives, et cela s'observe pour les animaux domestiques et de compagnie, les gibiers, mais aussi les plantes domestiques et horticoles. Par contre, d'autres comportements n'ont que peu d'effets sur la capacité invasive d'une espèce, telles certaines stratégies de croissance ou en relation avec le cycle vital, la densité moyenne de population, la taille ou la longévité, l'alimentation.

Certains habitats sont plus faciles à coloniser pour les néobiotes (plantes et animaux). On peut citer ici, tout d'abord, des habitats « perturbés », c'est-à-dire sous forte influence humaine, comme les surfaces agricoles, les bordures des routes, des canaux et des voies de chemin de fer, ainsi que l'ensemble du milieu urbain. Ajoutons les rives de cours d'eau. De telles zones sont caractérisées par de faibles relations de compétition, une haute dynamique des ressources, la richesse en nutriments et peu de rivaux naturels.

En théorie, une absence d'ennemis dans la zone envahie constitue un bon postulat pour expliquer le comportement invasif d'une espèce importée. Dans sa zone d'origine, chaque espèce fait partie d'un long processus coévolutif, fait face à des agents pathogènes spécialisés, à des parasites, des ennemis et des compétiteurs. Une part appréciable de ses ressources est investie dans la défense contre ces nombreux adversaires, si bien que moins d'énergie peut être vouée à la croissance et à la reproduction. Le nouvel habitat, et future zone d'invasion, est caractérisé par l'absence de ces antagonistes spécifiques. L'aire est ainsi libre d'ennemis. Les ressources sont donc mobilisées pour des propriétés invasives. Cette valeur sélective accrue, les anglophones parlent de *fitness*, constitue alors l'élément fondamental de leur expansion.

Parfois, les espèces invasives ont été considérées comme intrinsèquement supérieures à des parentes indigènes. Ce jugement est souvent discutable, mais on remarque chez beaucoup de néobiotes une absence de spécialisation, si bien qu'ils peuvent exister dans des milieux variés. La possession de « nouvelles armes » peut également être avantageuse, si leurs compétiteurs de la zone nouvellement conquise ne les connaissent pas encore. Citons l'exemple des substances chimiques sécrétées par les racines qui inhibent la croissance au sol de plantes indigènes voisines (allélopathie), ou, lorsqu'elles sont stockées dans les feuilles, détournent les phytophages (substances végétales secondaires). Le succès de certaines plantes non indigènes peut s'expliquer par de tels facteurs.

D'autres modèles explicatifs se réfèrent à la structure de l'habitat. Dans des associations quasi naturelles, on admet que toutes les niches écologiques sont occupées ; la communauté d'espèces est saturée et de nouvelles espèces non indigènes ne peuvent s'y établir. Cette approche expliquerait pourquoi des écosystèmes forestiers comportent moins d'espèces invasives que les milieux perturbés que nous avons évoqués. De nombreux écosystèmes riches en espèces sont mieux protégés contre les invasions biologiques que les écosystèmes pauvres en espèces. Dans ce cas, on parle volontiers de résistance biotique. Elle agit contre la pression des non indigènes. Malheureusement, ces approches théoriques nombreuses, et si importantes que soient les informations fournies, se réfèrent presque toujours à des habitats bien localisés et à des espèces précises. De telles approches n'offrent donc qu'une aide limitée en tant qu'instrument général de prévision (une bonne synthèse de ces approches théoriques se trouve dans Hufbauer et Torchin 2007).

Combien d'espèces indigènes et non indigènes ?

Le tableau de la page 27 indique le nombre d'espèces non indigènes (selon la base de données DAISIE, septembre 2011, www.europe-aliens.org) par rapport aux estimations des espèces indigènes pour différents pays d'Europe. Le nombre d'espèces indigènes réel peut sans autre être augmenté d'environ 10 000 espèces, étant donné que certains groupes (entre autres les champignons, les unicellulaires, les nématodes) sont encore insuffisamment inventoriés.

DAISIE, PROJET DE RECHERCHE EUROPÉEN

Cent quatre-vingts-deux chercheurs ont collaboré à un projet de l'Union européenne appelé DAISIE (*Delivering Alien Invasive Species Inventories for Europe*) de 2005 à 2008. Ils ont rassemblé des données sur l'ensemble du continent concernant la présence et la distribution de néobiotes. Actuellement, cette base de données comprend environ 11 000 espèces de micro-organismes, champignons, plantes et animaux, qui vivent dans les milieux terrestres, limniques et marins d'Europe.

Le groupe renfermant le plus d'espèces est celui des plantes, avec 53%, suivi des invertébrés avec 23%. DAISIE présente l'inventaire de ces espèces européennes par pays et pour les zones marines limitrophes. L'inventaire comprend des données sur leur « statut », établissant si une espèce est fixe ou instable ou si elle a disparu. De plus, pour autant qu'elles existent, des informations sont citées au sujet des dégâts occasionnés. Dès lors une espèce peut être qualifiée d'invasive et cette appellation s'applique à environ 12% des espèces recensées.

L'état de nos connaissances au sujet de la répartition géographique et le statut des plantes vasculaires et des mammifères est relativement bon. Pour les autres groupes comme les champignons, les acariens et les vers, on constate encore des lacunes. Les fluctuations du nombre de néobiotes recensés ne peuvent pour l'instant être présentées que dans le cas de quelques organismes. Au cours du dernier siècle, le nombre d'espèces non indigènes de mousses, lichens, plantes vasculaires, insectes terrestres et mammifères recensées en Europe révèle une croissance exponentielle (DAISIE 2009). Cette remarque s'applique vraisemblablement aussi à d'autres groupes.

DAISIE présente, dans sa base de données centralisée, les 100 espèces les plus invasives d'Europe au moyen d'une fiche descriptive, de photos et d'une carte de répartition géographique. Par ailleurs 1700 experts ont été recensés en ce domaine, de 90 pays. Ces informations sont librement disponibles (www.europe-aliens.org). Les premières évaluations et analyses se trouvent dans « DAISIE (2009) ».

Nombre d'espèces non indigènes en comparaison du nombre estimé d'espèces indigènes.

	Indigènes	Non indigènes
Suisse	env. 50 000	857
France	env. 90 000	2310
Allemagne	env. 70 000	1807
Autriche	env. 67 000	1471

Source : DAISIE 2011.

Une nouvelle science

Longtemps, même parmi les scientifiques, on n'a noté aucune prise de conscience des dangers ou du caractère illégal de l'introduction d'espèces non indigènes dans un nouvel habitat. C'est l'écologue britannique Charles Elton qui fut l'un des premiers, en 1958, dans son ouvrage novateur *The Ecology of Invasions by Animals and Plants*, à signaler les risques potentiels que représentent ces néobiotes (Elton 1958). La biologie des invasions a entrepris ses travaux au cours des dernières décennies en tant qu'orientation scientifique distincte. Elle traite des effets écologiques des nouveaux venus sur la biodiversité indigène et des moyens de les contrôler.

Concrètement, le champ des recherches scientifiques comprend les voies de dissémination d'espèces non indigènes, leur influence sur d'autres espèces du même habitat et les modifications qu'elles provoquent dans les écosystèmes. Il s'est élargi aux moyens de leur dépistage précoce et aux conditions qui favorisent leur expansion. Les mutations que subit aujourd'hui notre environnement agissent directement sur les espèces importées. Ainsi les bouleversements dans l'affectation des sols et les changements climatiques récents ont donné la matière à des recherches spécialisées. Les scientifiques espèrent trouver des moyens de lutte contre les invasions indésirées. Finalement, l'efficacité des mesures prises contre ces menaces s'est ajoutée à la matière des recherches actuelles.

2

PROFIL DES ESPÈCES INVASIVES : QUAND LEUR INTRODUCTION FUT INTENTIONNELLE

Animaux domestiques

L'histoire culturelle de l'humanité, depuis des millénaires, implique les animaux domestiques (Nentwig 2005). En Eurasie, là où ces animaux ont été domestiqués, la chèvre, le mouton et le chien accompagnent régulièrement l'homme depuis 10 000-16 000 ans, le cheval, le bœuf et le porc depuis 6000-9000 ans. Il n'est dès lors pas surprenant, que ces bêtes familières aient été emmenées partout où des groupes humains se sont établis. Dans la mesure où elles restèrent sous leur contrôle, aucun effet notable ne fut à craindre sur l'environnement en dehors du domaine habité et parcouru. Toutefois l'élevage des animaux était plutôt extensif, le bétail vivait librement pendant de longues périodes dans de vastes zones non délimitées, si bien que régulièrement des animaux s'échappaient et pouvaient constituer des populations qui sont retournées à l'état sauvage. Celles-ci étaient souvent très appréciées comme gibier additionnel. Il en résulta l'usage, lors de la découverte d'une île jusque-là inconnue, d'y introduire quelques animaux domestiques, le plus souvent des chèvres, des moutons, des porcs ou des ânes. Les animaux s'établirent facilement et furent, pour les visiteurs ultérieurs, du gibier bienvenu. Au cours de quelques siècles seulement, la marine européenne s'appliqua de cette manière à coloniser, à l'échelle mondiale, par les animaux domestiques les plus courants, toutes les îles favorables des océans, mais également toutes les zones continentales nouvellement conquises.

Les chèvres (*Capra hirta*) retournées à l'état sauvage exercèrent probablement l'impact le plus fort sur la végétation naturelle, car elles ne sont pas exigeantes quant à leur nourriture. Elles sont capables de trouver de quoi se nourrir là où d'autres herbivores mourraient affamés, car elles mangent aussi des tiges et des racines, des branches et de l'écorce ; elles peuvent même grimper dans les arbres, si bien qu'une région peut tomber dans un état de surpâturation complète. Ainsi ont disparu de nombreuses espèces de plantes. L'habitat a changé de structure. Bien des espèces indigènes ont disparu dans les régions peuplées de chèvres retournées à l'état sauvage.

Des moutons (*Ovis ammon aries*), des ânes (*Equus asinus*) et des chevaux (*Equus caballus*) se sont trouvés dans le même cas que les caprins, avec des effets semblables, mais en se montrant un peu moins destructifs. Des ânes retournés à l'état sauvage existent par exemple à Chypre, aux Etats-Unis et en Australie. Il est connu en Amérique que des mouflons canadiens (*Ovis canadensis*) souffrent de la concurrence des ânes (Marshal *et al.* 2008). Dans le centre de l'Australie vivent approximativement 1,5 million d'ânes sauvages qui saccagent la végétation et menacent de ce fait les herbivores indigènes. Dans le même pays on trouve des dromadaires retournés à l'état sauvage (*Camelus dromedarius*) qui furent introduits d'Asie au 19e siècle comme animaux de trait, mais s'évadèrent ou furent relâchés. Plus d'un million de dromadaires ainsi échappés réduisent à néant, dans certaines régions de ce continent aride, les mesures de protection de la végétation, menaçant les plantes et les autres animaux (McLeod et Pople 2008).

Les chats (*Felis silvestris catus*) sont, depuis leur domestication en Egypte il y a 5000 ans, fort appréciés dans toutes les civilisations en tant que bêtes de compagnie. Il n'est donc pas surprenant qu'ils aient été disséminés à l'échelle mondiale et que partout des populations félines revenues à l'état sauvage aient pu se constituer. En tant que carnivores, ils ont un impact très négatif, avant tout sur les populations locales de reptiles, petits mammifères et oiseaux. Dans de nombreuses zones urbaines, les populations trop élevées de chats réduisent les effectifs des oiseaux nicheurs autochtones (Lepczyk *et al.* 2003). Sur des aires confinées, comme les îles océaniques, les effets des chats ensauvagés sur les oiseaux indigènes sont encore plus dramatiques. De nombreuses espèces ont été décimées, même jusqu'à l'éradication totale de certains oiseaux. Les chiens (*Canis lupus familiaris*) en liberté posent, avant tout dans les agglomérations, un problème d'hygiène. Des meutes errantes manifestent en certains endroits un comportement agressif à l'égard des humains et régulièrement leurs morsures provoquent des blessures parfois mortelles.

Tous les animaux de compagnie ont leurs maladies et parasites spécifiques et plusieurs les transmettent à des espèces sauvages apparentées. Assez souvent, celles-ci se révèlent plus sensibles à ces atteintes, ce qui conduit à des hécatombes. La peste bovine, maladie à virus généralement mortelle pour les bovins et autres ruminants, a été importée d'Asie en Europe par les Huns au 4e siècle et par les Mongols au 13e. Au 18e siècle encore, une grande partie du cheptel bovin européen en fut la victime. D'intenses efforts épidémiologiques en Allemagne ont conduit à ce que la maladie ne se manifeste plus depuis 1881. Mais l'armée italienne, en 1887 encore, a acheminé des bovins infectés en Ethiopie, d'où le virus s'est disséminé dans toute l'Afrique. Dans les années 1890, et de 1982 à 1984, la peste bovine éclata à grande échelle au sud du Sahara et tua non seulement une grande partie des bovins domestiques, mais passa aux espèces sauvages apparentées. On observa une hécatombe de gnous bleus (*Connochaetes taurinus*) et de buffles d'Afrique (*Syncerus caffer*), catastrophe qui a provoqué des famines parmi les peuples de pasteurs. Une vaccination de protection est possible et la FAO (*Food and Agricultural Organization*) a patronné jusqu'en 2010 un programme spécial pour éradiquer la peste bovine à l'échelle mondiale.

Plantes cultivées et d'ornementation

L'horticulture au cours des derniers siècles s'est développée de manière remarquable en Europe, propageant une variété croissante d'espèces végétales aux caractères insolites. Ainsi introduit-on et distribue-t-on dans le commerce nombre de plantes ornementales non indigènes. Parmi elles, beaucoup s'échappent des jardins sous forme de semences, par les déchets horticoles ou les transports de terre et s'établissent dans les environs. Un bref extrait de la liste des plantes non indigènes apparaît comme un catalogue de jardinerie: *Achillea*, *Adonis*, *Alchemilla*, *Allium*, *Alyssum*, *Anchusa*, *Anthemis*, *Aster*, *Campanula*, *Centaurea*, *Consolida*, *Delphinium*, *Geranium*, *Hemerocallis*, *Impatiens*, *Iris*, *Lamium*, *Linaria*, *Malva*, *Matricaria*, *Mimulus*, *Muscari*, *Nepeta*, *Oenothera*, *Ornithogalum*, *Papaver*, *Potentilla*, *Reseda*, *Rosa*, *Sedum*, *Sempervivum*, *Senecio*, *Solidago*, *Tanacetum* et *Viola*. Ce sont là quelques exemples connus de plantes horticoles, dont il existe en général de nombreuses espèces et variétés cultivées et qui sont retournées à l'état sauvage. Nous tirons d'un inventaire accompli par des chercheurs tchèques le tableau ci-dessous.

L'analyse des espèces végétales non indigènes en République tchèque révèle que 74% d'entre elles furent introduites comme plantes ornementales, 22% comme plantes fourragères,

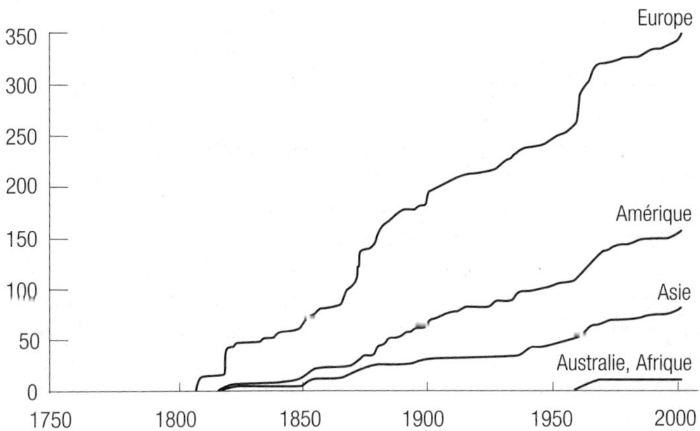

Nombre d'espèces de plantes non indigènes dans la République tchèque et leur région d'origine.

Source: Pyšek *et al.* 2003.

14% comme plantes médicinales, 11% comme alimentation pour les animaux, 6% pour l'aménagement du paysage et 5% comme plantes mellifères (une même plante peut figurer dans plusieurs catégories). Cette étude souligne ainsi l'importance considérable de l'horticulture dans l'importation de plantes non indigènes.

Trois invasions : berce du Caucase, verge d'or et rhododendron des parcs

A titre d'exemple, examinons avec plus de détails trois espèces de plantes ornementales qui après leur retour à l'état sauvage devinrent invasives. La berce du Caucase (*Heracleum mantegazzianum*), berce géante ou berce de Mantegazzi, est originaire du Caucase et fut introduite il y a près de 200 ans par l'intermédiaire du Jardin botanique de Kew près de Londres. Quelques années plus tard, des populations retournées à l'état sauvage apparurent et, en quelques décennies seulement, cette espèce fit son apparition dans presque tous les pays d'Europe au nord des Alpes. La raison de l'enthousiasme suscité à l'origine par la berce du Caucase tient à ses dimensions gigantesques : elle peut atteindre trois mètres de haut et attirer, grâce à ses inflorescences de grande taille, un grand nombre de syrphes et d'abeilles. L'attractivité manifestée sur les insectes visitant les fleurs et les pollinisateurs contribua plus tard à la seconde carrière de cette plante, car les apiculteurs la semèrent partout pour ses qualités mellifères. La berce du Caucase se multiplie grâce au grand nombre de ses graines, qui de plus flottent très bien. Mais finalement il devint impossible d'arrêter son expansion. L'espèce était puissamment invasive. A l'heure actuelle, ses effets négatifs sont bien connus : elle repousse la végétation indigène, accroît les dangers d'érosion le long des berges et cause chez l'être humain lors du toucher des brûlures douloureuses et difficiles à guérir (Pyšek *et al.* 2007).

La verge d'or du Canada (*Solidago canadensis*) est originaire des prairies d'Amérique du Nord et fut importée au 17ᵉ siècle déjà en Angleterre et en France, à la joie des amateurs de fleurs.

Grâce à sa beauté et en tant que plante horticole facile à cultiver, elle apparut bientôt partout dans les jardins d'Europe. Ce sont des plantes arbustives pérennes, qui en outre sont capables de produire une grande quantité de graines. Au moyen de fragments de racines et de ses graines, cette plante a pu prendre pied à l'extérieur des jardins et se disséminer, elle aussi, de manière explosive. De nos jours, on trouve la verge d'or dans presque tous les pays européens, dans des habitats secs et des terrains vagues et le long des chemins, des routes ou des voies ferrées. Dans de nombreux habitats dignes de protection, elle repousse la végétation indigène.

Le rhododendron des parcs (*Rhododendron ponticum*), dont l'aire de répartition principale va du Caucase à l'Himalaya, fut cultivé en Angleterre dès 1760 environ. Il devint très populaire, de telle sorte qu'on le dissémina partout dans les îles Britanniques. Il pousse très bien sous un climat hivernal doux et retourne rapidement à l'état sauvage. Aujourd'hui, des paysages entiers en Irlande, Ecosse et Pays de Galles, ainsi que dans le sud de l'Angleterre sont recouverts de cet arbuste invasif de trois à six mètres de haut, qui forme des fourrés impénétrables. La flore indigène s'en trouve complètement refoulée, car des sécrétions racinaires inhibent la croissance de la plupart des autres plantes. Les effets sont indirectement négatifs sur la faune.

Cultures abandonnées

Dans le paysage agricole d'Europe centrale, nos plantes sont cultivées selon des systèmes intensifs, dans le travail du sol et dans l'utilisation des herbicides. Leur retour à l'état sauvage n'est donc pas facile. En revanche, des espèces cultivées autrefois et de nombreuses plantes médicinales sont, dans une large mesure, retournées à l'état sauvage et indiquent par leur présence actuelle leur utilisation passée. Il en va ainsi de la moutarde, du colza et du navet (*Brassica*) originaires de la région méditerranéenne et d'Asie. Elles représentent les stades préliminaires d'espèces actuellement cultivées ou appréciées autrefois, mais abandonnées. D'autres exemples sont les cardères (*Dipsacus*), dont on se servait comme auxiliaires lors du tissage ou qui étaient aussi utilisées comme plantes médicinales.

Certains des végétaux qu'on trouve aujourd'hui en Europe sont originaires d'Afrique du Nord et d'Asie. Les espèces de sarrasin (*Fagopyrum*) proviennent d'Europe, d'Asie et de l'est de l'Afrique, autrefois appréciées dans de nombreuses régions d'Europe, mais leur usage tend à disparaître. Le topinambour (*Helianthus tuberosus*) d'Amérique centrale est arrivé en Europe vers 1610 et fut consommé comme la pomme de terre. Mais celle-ci se révéla beaucoup plus productive, et la culture du topinambour a perdu de son importance. Mais cette plante est capable, grâce à ses stolons souterrains et ses tubercules, de s'introduire dans des associations végétales et de refouler d'autres espèces par son ombre. C'est pourquoi le topinambour est classé comme espèce invasive dans de nombreuses régions.

Les arbres d'outre-mer

Dans nos jardins et nos parcs, on trouve environ 3600 espèces d'arbres non indigènes résistant au froid, contre moins de 250 espèces d'arbres proprement européens. Beaucoup de ces essences venues d'ailleurs sont retournées à l'état sauvage et plusieurs se sont révélées très invasives. Les sumacs d'Amérique du Nord (*Rhus typhina*), les robiniers (*Robinia pseudoacacia*) et les platanes (*Platanus orientalis*), le buddleia (*Buddleja davidii*), le lilas (*Syringa vulgaris*) et l'ailante (*Ailanthus altissima*) furent plantés à l'origine comme arbustes d'ornement, comme arbres solitaires décoratifs ou dans les haies et allées, mais retournèrent rapidement à l'état sauvage et se disséminèrent dans de nombreuses régions d'Europe. De nos jours, les sumacs et les robiniers posent un gros problème dans des zones arides dignes de protection, les buddleias sont en expansion sur des terrains vagues et friches industrielles et dans les zones urbaines, les ailantes avant tout dans les régions favorisées par un climat chaud. Dans de nombreux pays d'Europe ces plantes ligneuses sont classées comme invasives.

Un exemple classique de développement non désirable est le cerisier d'automne ou cerisier noir (*Prunus serotina*). En 1623, il fut amené en Europe comme arbre d'ornement. A la fin du 19e siècle on essaya de l'utiliser dans les exploitations forestières. Mais il ne développe pas de tronc. Il forme un fourré dense, inhibe la repousse d'autres espèces d'arbres et rend le travail en forêt plus difficile. On essaie depuis plus de 50 ans de l'éradiquer. C'est une tâche très ardue et coûteuse, à cause des stolons et du haut pouvoir régénératif des fragments de racines.

Nous voyons avec ces exemples comment, dès la fin du 18e siècle, les Européens s'efforcèrent systématiquement, dans de nombreux pays, de planter par centaines des arbres non indigènes sur des parcelles d'essai, afin de tester leurs aptitudes forestières. Quand les espèces apparaissaient appropriées, on entreprenait des tentatives à plus grande échelle. De cette époque datent les forêts de chênes rouges d'Amérique du Nord (*Quercus rubra*), de pins Weymouth (*Pinus strobus*), d'épicéas de Sitka (*Picea sitchensis*), de sapins Douglas (*Pseudotsuga menziesii*) et de mélèzes japonais (*Larix kaempferi*). Les chênes rouges, les épicéas de Sitka et les sapins Douglas se multiplient très bien et doivent de ce fait être classés comme espèces invasives. La culture du pin Weymouth en Europe a fortement décliné et fut ruinée à cause de la rouille d'une espèce de pin de Sibérie qui lui fut transmise et conduisit à sa mort. Même si les forestiers aujourd'hui revoient leurs concepts et préfèrent des essences indigènes, dans de nombreuses régions d'Europe ce sont aujourd'hui encore les espèces d'ailleurs qui marquent le paysage de leur empreinte. Et il semble que l'économie forestière, à cause des changements climatiques, se remette à s'intéresser aux arbres d'ailleurs qu'on dit mieux adaptés au climat futur.

Les espèces d'eucalyptus (*Eucalyptus*) représentent un cas spécial. Ces arbres australiens poussent très rapidement, mais ont besoin de beaucoup d'eau ; celle-ci peut dès lors se raréfier pour les espèces indigènes. On note en certains cas une désertification, d'autant plus que les racines excrètent des substances qui inhibent la croissance d'autres espèces. De ce fait, les forêts d'eucalyptus n'ont souvent pas de sous-bois, même si elles sont clairsemées. Les feuilles d'eucalyptus se dégradent difficilement, ce qui exerce également un impact sur la faune du sol. Les premières plantations d'eucalyptus furent aménagées entre 1823 et 1857 en Europe méridionale, en Afrique du Sud, en Amérique du Sud, en Californie et aux Indes. De nos jours on les trouve partout dans le monde.

Le gibier

Autrefois on lâchait régulièrement des espèces animales particulièrement attractives pour «améliorer» le produit de la chasse. En Europe, ce fut le sort du daim (*Dama dama*) venant de Mésopotamie, qui fut introduit dans la région méditerranéenne et l'Europe centrale par les Phéniciens et les Romains déjà. Ajoutons quatre espèces de cervidés asiatiques et deux nord-américaines: le cerf axis ou chital (*Axis axis*), le cerf Sika (*Cervus nippon*), l'hydropote ou cerf d'eau (*Hydropotes inermis*), le muntjac de Reeves (*Muntiacus reevesi*), le wapiti (*Cervus canadensis*) et le cerf de Virginie (*Odocoileus virginianus*). Avec le temps, la plupart de ces espèces ont constitué des populations qui s'accroissent.

L'exemple sans doute le plus connu d'un lâcher d'une espèce-gibier devenu incontrôlable, c'est le lapin de garenne (*Oryctolagus cuniculus*), à partir duquel on a élevé jadis le lapin domestique. Il ne se rencontrait à l'origine que sur la péninsule ibérique, mais fut relâché dans de vastes régions d'Europe au Moyen Age déjà. En 1859, pour les chasseurs, il fut introduit en Australie, et par la suite également en Nouvelle-Zélande, en Afrique du Sud, ainsi qu'en Amérique du Nord et du Sud. En Australie, la population des lapins explosa en peu de temps, provoquant des dégâts sur de vastes étendues, par destruction totale de la végétation et par une intense activité de fouissage. Les répercussions furent graves sur la faune indigène, mais également sur l'économie pastorale. Des tentatives de clôturer certains espaces australiens au moyen de trois barrières de plus de 3000 kilomètres, infranchissables par les lapins, échouèrent, de même que l'utilisation à grande échelle d'appâts empoisonnés. En 1951, on infecta les lapins australiens par le virus de la myxomatose, virus variolique originaire d'Amérique du Sud. La population des lapins s'effondra, jusqu'à ce que, 20 ans après, elle manifeste sa résistance. Une deuxième épidémie, la maladie hémorragique virale du lapin, déclenchée par un calicivirus, apparut en Chine en 1984 et se dissémina partout dans le monde. En Europe, on observe la présence de ces deux maladies à virus. Dans de nombreux pays elles ont réduit les populations de lapins de manière drastique. Afin d'avoir suffisamment de gibier à chasser en Europe, des lapins américains (tels que *Sylvilagus floridanus* et *S. transitionalis*) furent lâchés de façon répétée au cours des dernières décennies dans la région méditerranéenne, mais ces espèces-là n'ont pu se maintenir qu'en de rares endroits.

Les faisans (*Phasianus colchicus*), originaires d'Asie, sont considérés partout en Europe comme un gibier apprécié. C'est pourquoi ils furent régulièrement introduits à l'époque romaine déjà, mais ne purent pas en règle générale constituer de populations permanentes, car ils ne peuvent résister aux hivers européens les plus froids. Depuis plusieurs centaines d'années, des centres d'élevage de faisans élèvent ces oiseaux à grande échelle. Ils sont lâchés pour la saison de chasse. Tapper (1999) a fait état de l'importance de cette industrie pour l'Angleterre. Dans ce pays, 20 millions de faisans sont lâchés par année, dont environ 12 millions sont abattus. Les huit millions restants se font manger par les prédateurs, meurent de maladies ou de faim. Cet élevage spécialisé correspond au niveau national à 26 000 places de travail et représente un chiffre d'affaires équivalent à 350 millions d'euros. En France, trois millions de ces oiseaux sont lâchés par an (Kestenholz *et al.* 2005). En Suisse, les lâchers ont pris fin dans les années 1990 et depuis lors les peuplements sauvages diminuent.

Alevinage, rempoissonnement, écrevisses

Tout comme les chasseurs, les pêcheurs à la ligne ont également par le passé ressenti le besoin de lâcher dans leurs cours d'eau des proies additionnelles et attractives. Dès la fin du 19e siècle, on voulut compenser la diminution des prises par des espèces non indigènes, et remédier à la surpêche, aux corrections de cours d'eau et à la pollution par les eaux usées. Dans certains cas, des tests plus ou moins complets furent effectués avec des poissons importés d'autres continents, en procédant par essais et erreurs. Les alevins furent élevés dans des piscicultures et lâchés par millions dans les cours d'eau. La plupart moururent en peu de temps, inadaptés à ce milieu, incapables de trouver suffisamment de nourriture. A la suite de lâchers continuels, quelques espèces furent néanmoins capables de se fixer et de se maintenir.

L'espèce la plus fréquemment introduite est la truite arc-en-ciel (*Oncorhynchus mykiss*), originaire de la côte pacifique de l'Amérique du Nord. De nos jours, on la trouve dans de nombreuses régions d'Europe et sur tous les continents. En Europe, elle est capable de vivre dans des eaux qui ne conviennent pas à sa concurrente indigène, la truite de rivière (*Salmo trutta fario*), et comme espèce prédatrice elle exerce une influence négative sur l'ensemble des poissons indigènes, les amphibiens et les invertébrés. D'autres espèces de poissons régulièrement introduites sont les poissons-chats nord-américains (*Ameiurus melas*, *A. nebulosus*) ou l'amour argenté (*Hypophthalmichthys molitrix*) et des espèces apparentées comme l'amour blanc (*Ctenopharyngodon idella*), la carpe à grosse tête ou carpe marbrée (*Aristichthys nobilis*), l'amour noir (*Mylopharyngodon piceus*), ainsi que leurs hybrides. Ces carpes détruisent complètement la végétation aquatique et provoquent des modifications importantes de la chimie des eaux.

Lorsque les écrevisses européennes (avant tout *Astacus astacus*) se firent de plus en plus rares, à la suite de la correction des cours d'eau et de la pollution, plusieurs pays européens ont commencé à importer, dès 1860, trois espèces d'écrevisses nord-américaines : l'écrevisse de Californie ou écrevisse signal (*Pacifastacus leniusculus*), l'écrevisse de Louisiane (*Procambarus clarkii*) et l'écrevisse américaine (*Orconectes limosus*). A l'origine, ces espèces devaient être maintenues en élevages, afin d'assurer les besoins du marché, mais elles s'échappèrent souvent, ou furent même lâchées de manière intentionnelle. Or les écrevisses sont capables de se déplacer à la surface du sol et pratiquement tous les milieux aquatiques européens hébergent l'une ou l'autre de ces espèces invasives. Les américaines transmettent une maladie fongique, la peste des écrevisses (*Aphanomyces astaci*), contre laquelle elles sont immunisées. Pour les espèces d'écrevisses européennes, la peste conduit toujours à la mort, si bien que l'introduction des espèces non indigènes a accéléré l'extinction des espèces propres à l'Europe.

De manière comparable au gibier, aux poissons et aux écrevisses, des espèces d'autres groupes d'animaux furent également introduites ou élevées à des fins alimentaires. Plusieurs espèces de moules et d'huîtres ont été importées de différents continents et exploitées dans le cadre de la conchyliculture. La moule méditerranéenne (*Mytilus galloprovincialis*) refoule les espèces indigènes en Afrique du Sud et sur les côtes de l'Amérique du Nord. L'huître plate (*Ostrea edulis*) est fortement menacée sur les côtes européennes par la pollution des eaux, ainsi que par les maladies et parasites importés. C'est pourquoi elle a été remplacée au cours des dernières décennies par l'huître japonaise (*Crassostrea gigas*), qui menace à son tour les bancs de moules.

Les mollusques terrestres, tels que l'escargot géant africain (*Achatina fulica*), ont été importés dans les zones tropicales du monde entier, s'échappèrent d'élevages, furent répandus de manière involontaire par l'intermédiaire de produits agricoles, mais ont également été introduits de manière intentionnelle. Ils sont appréciés en de nombreux pays comme nourriture, mais ils transmettent une série de maladies et ont une influence négative sur la faune des gastéropodes indigènes, sur l'agriculture et sur la végétation indigène (Thiengo *et al.* 2007).

Les animaux de compagnie et leur remise en liberté

Des animaux de compagnie devenus indésirables sont souvent « remis en liberté dans la nature ». Ce faisant, on oublie que ces bêtes ne pourront survivre qu'avec peine, laissées à elles-mêmes, et ce geste inconsidéré conduit en général à leur mort. Dans les cas où elles survivent et constituent des populations croissantes, on peut observer un effet négatif sur l'environnement.

Parmi les exemples les plus connus, il y a les poissons d'aquarium, avant tout le poisson rouge, une forme d'élevage du carassin (*Carassius auratus*). Les poissons rouges sont omnivores et se nourrissent d'œufs, de larves, de têtards, d'insectes aquatiques ainsi que de fragments végétaux. Par conséquent, dans les étangs et les cours d'eau de petite taille, les poissons rouges remis en liberté accélèrent l'extinction locale des espèces animales indigènes (Meyer *et al.* 1998).

Il en va de même de la tortue de Floride ou tortue à tempes rouges (*Trachemys scripta elegans*) et d'espèces voisines qui ont été introduites partout dans le monde et qu'on trouve de nos jours dans les eaux de la plupart des pays européens. En 1996, les USA ont exporté huit millions d'animaux, dont 28% en Europe. Ces animaux peuvent atteindre un âge élevé et produisent un effet négatif sur les invertébrés, les amphibiens, les poissons et les plantes aquatiques indigènes (Bringsøe 2006). Les tortues de Floride ne sont pas capables pour l'instant de se reproduire au nord des Alpes, mais avec le réchauffement des habitats, cela pourrait changer.

L'écureuil et autres animaux à fourrure

Le tamia de Sibérie (*Tamias sibiricus*), un écureuil, se rencontre actuellement, en dehors de son aire de répartition naturelle, en Belgique, aux Pays-Bas, en Allemagne, en France, en Italie et en Suisse. En règle générale, les animaux furent relâchés par des éleveurs dans les parcs de grandes villes. La situation est semblable pour une demi-douzaine d'espèces voisines. L'exemple le plus préoccupant concerne l'écureuil gris américain (*Sciurus carolinensis*), qui à la suite de lâchers de grande envergure en Angleterre et en Italie est en progression et élimine son plus proche parent, l'écureuil européen (*Sciurus vulgaris*) par la transmission d'un virus variolique.

Il faut enfin mentionner les actions de libération d'espèces à fourrure par les «protecteurs des animaux». Il n'est pas de notre propos de discuter ici des conditions d'enfermement précaire dans les élevages, mais du sort ultérieur des animaux libérés. En tant qu'animaux de captivité, ils sont, tout comme la plupart des animaux de compagnie, incapables de survivre dans des conditions naturelles. Un bon nombre de visons américains (*Neovison vison = Mustela vison*), espèce qu'on cherche par prédilection à libérer, parviennent en fait à survivre, mais causent de grands dégâts à la faune indigène. C'est surtout à partir des années 1970 que les fermes à visons furent attaquées par les amis des bêtes. A en croire les informations des libérateurs sur leur page web, environ 15 000 animaux ont été relâchés en 2007 en Allemagne, au cours d'une seule action. Par leur immense pression, les visons américains ont repoussé le vison européen (*Mustela lutreola*), déjà fortement décimé par des produits toxiques présents dans leur environnement, à la limite de l'extinction. Actuellement, cette espèce ne se rencontre plus qu'en petites populations à l'abandon en Espagne et en Europe de l'Est. L'existence même de cet animal est considérée comme fortement menacée. Entretemps, le vison américain s'est répandu en populations sauvages dans de larges parties de l'Europe.

SOCIÉTÉS D'ACCLIMATATION

Au milieu du 19e siècle, le monde était réparti entre les puissances coloniales. De nombreux Européens habitaient dans des pays d'outremer, mais regrettaient la faune et la flore européennes, dont ils admettaient qu'elle était particulièrement belle et utile. En même temps, ils découvrirent dans les colonies des espèces dont ils furent persuadés qu'elles pourraient aussi avoir leur utilité en Europe. Parmi les émigrés se forma rapidement un groupe qui se mit à examiner de manière quasi systématique l'introduction potentielle d'espèces en Europe et outremer, démarche qu'ils qualifièrent de «scientifique». On crut, à cette époque prédarwiniste, qu'il serait facile par l'élevage ou la culture d'incorporer aux espèces choisies les caractéristiques requises pour la survie dans leur nouvelle patrie. Pour réaliser cet objectif dans un cadre sûr du point de vue économique, la première société d'acclimatation fut créée à Paris en 1854 par des « savants » français et des habitants de territoires français d'outre-mer. On tenta, avec plus ou moins de succès, pendant les années qui suivirent, d'enrichir la faune et la flore françaises par l'importation de bambous et d'eucalyptus, de chenilles de vers à soie, de faisans et de zèbres. Rapidement, d'autres sociétés analogues furent fondées sur ce modèle. En 1860, se constitua en Angleterre l'*Acclimatisation Society of the United Kingdom*.

Dans la seule Nouvelle-Zélande 30 sociétés locales furent créées de même manière et prirent en main les transports d'animaux et de plantes. Il en résulta de nombreux enrichissements de la nature, souvent douteux. La participation de « scientifiques » à ces sociétés, l'organisation de « tests » et la discussion de mesures de précaution engendrèrent une sorte de pseudo-sécurité. Les concepts de falsifications de la flore ou de la faune, ou d'espèces invasives, n'existaient pas encore. C'est durant la seconde moitié du 20e siècle que les points de vue changèrent et que l'importation de nouvelles espèces cessa. Dès lors, celles qui restaient de ces sociétés d'acclimatation furent mises au pilori et dissoutes, mais plusieurs se transformèrent en sociétés de chasse ou de pêche, certaines même en sociétés de protection de la nature.

3

L'INTRODUCTION NON INTENTIONNELLE DES ESPÈCES

Plantes et animaux comme passagers clandestins

Les containers offrent à plusieurs espèces un environnement de transport stable, durable et protégé. De ce fait, beaucoup d'organismes peuvent être véhiculés avec les marchandises dans ces habitacles, même si leur déplacement dure des semaines ou des mois. De plus, il existe pour certains êtres vivants la possibilité de voyager au stade de dormance, par exemple sous forme d'œuf, de cocon, de pupe ou de graine. Si les containers et les bateaux ne sont pas nettoyés régulièrement à l'intérieur comme à l'extérieur, ils finissent par diffuser un substrat organique permettant à un grand nombre d'espèces d'accomplir de grands périples.

Citons parmi les passagers clandestins classiques les araignées, les coléoptères et les blattes. Les blattes (*Blatta orientalis*, *Periplaneta americana* et *Periplana australasiae*) qu'on trouve actuellement partout dans le monde et beaucoup d'autres espèces sont d'origine tropicale ou subtropicale. Les fourmis s'installent dans des containers en colonies et sont transportées d'un continent à l'autre. Ce type de voyage convient bien à de très petits animaux et c'est pourquoi la fourmi de pharaon (*Monomorium pharaonis*), d'une taille de deux millimètres à peine, originaire de l'est des Indes, s'est répandue dans le monde entier en tant qu'espèce accompagnatrice des humains. Sa prédilection va aux bâtiments à climat constant et en zone tempérée ; on la trouve dans les hôpitaux, les cuisines de grande taille, les serres et les boulangeries. On utilise le terme *tramp*, signifiant en anglais à la fois cargo ou chemineau, pour des animaux qui, à l'instar de cette fourmi, se disséminent incognito sur la planète (Kegel 1999).

Mais des animaux de bien plus grande taille peuvent aussi être transportés dans des containers, comme le montre l'exemple du serpent brun arboricole (*Boiga irregularis*), long de trois mètres. Pendant la Seconde Guerre mondiale, il fut introduit par les troupes américaines venues de Nouvelle-Guinée sur l'île de Guam à l'ouest du Pacifique, où il n'y avait jamais eu de serpents auparavant. Il s'y dissémina de façon explosive et son effet fut dévastateur sur la faune aviaire locale.

Le moustique-tigre asiatique (*Aedes albopictus*) est largement répandu en Asie du Sud-Est et la larve peu exigeante se développe dans les eaux dormantes de zones rurales et urbaines, flaques ou autres accumulations liquides, rigoles d'égouts, mais aussi canettes ou bouteilles jetées, remplies d'eau de pluie. Même des pneus peuvent offrir un microhabitat aquatique, hébergeant des larves de moustiques. Car partout en ces régions on stocke de vieux pneus à l'air libre ou on les transporte par bateau vers des usines de recyclage, parfois situées en Europe et en Amérique du Nord ou du Sud. Des populations entières de

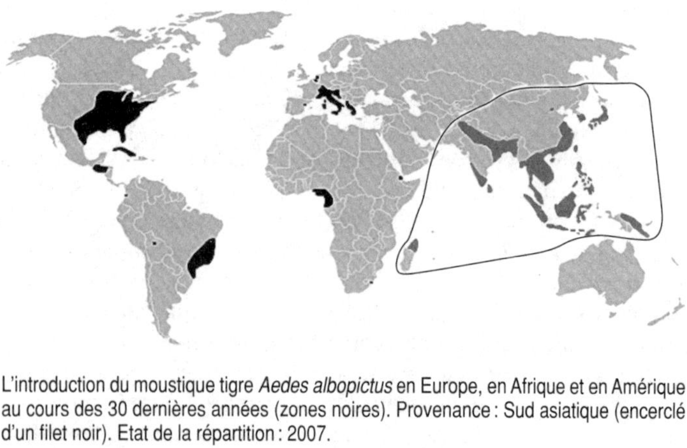

L'introduction du moustique tigre *Aedes albopictus* en Europe, en Afrique et en Amérique au cours des 30 dernières années (zones noires). Provenance : Sud asiatique (encerclé d'un filet noir). Etat de la répartition : 2007.

Source : modifié d'après www.wikipedia.org.

moustiques-tigres se sont disséminées de cette manière vers les autres continents où elles se sont établies avec succès. Après les premiers signes d'invasion de ce moustique en 1979, en Albanie encore maoïste à l'époque, provenant d'importations de Chine, la colonisation de l'Europe entière est intervenue en quelques décennies.

Contaminations par les semences

Quelques cas classiques de contamination par des espèces non indigènes ont été repérés dans les pratiques du commerce international des semences. Comme les procédés pour leur purification ne sont pas très minutieux, il reste toujours dans leur masse des semences indésirables échappant au contrôle et transportées à leur tour. Cette occurrence peut devenir catastrophique s'il s'agit de plantes à problèmes. Tel est le cas de l'ambroisie élevée (*Ambrosia artemisiifolia*), aussi appelée ambroisie à feuilles d'armoise, importée d'Amérique du Nord par des semences contaminées. L'espèce s'est répandue en plusieurs régions d'Europe dans les champs cultivés et apparut fréquemment dans les cultures destinées à la production de graines pour oiseaux. Ce commerce de fourrage aviaire lui servit de tremplin pour se répandre dans les zones urbaines. Or cette plante peut provoquer chez l'être humain de fortes allergies et autres atteintes à la santé. Des cas analogues ont été notés pour certaines espèces d'amarantes ou queues-de-renard (*Amaranthus*), qui à l'origine ont été introduites dans les champs de céréales européens par des semences provenant d'Amérique du Nord et sont maintenant des mauvaises herbes largement répandues dans l'ensemble du paysage agricole européen.

Actuellement, on admet qu'en Europe près d'un quart de toutes les introductions d'espèces non indigènes résulte de semences contaminées. Autrefois, c'est l'importation de laine qui joua ce rôle de vecteur. Probst, un chercheur, avait trouvé en 1949 déjà que les graines de plus de 1600 espèces de plantes extra-européennes avaient été importées en Europe, provenant avant tout de l'hémisphère Sud. Mais un petit nombre

PALMARÈS DES ESPÈCES INVASIVES

Dans le cadre du projet européen DAISIE, il fut dressé une liste des 100 espèces invasives les plus nuisibles. Auparavant on disposait d'une liste comparable établie par l'organisation *Invasive Species Specialist Group* (ISSG) pour l'ensemble du monde. Aucune des deux listes ne fournit un classement des espèces traitées, car il est impossible de décider si les dégâts causés par une algue qui excrète une toxine sont supérieurs à ceux provoqués par l'hybridation dans le cas d'une espèce d'oiseau.

Dans la liste européenne figurent 52 espèces continentales, 32 espèces marines et 16 espèces d'eau douce. Il s'agit en l'occurrence de 4 champignons, 9 algues, 1 mousse et 21 plantes à fleurs. Parmi les animaux, il y a 3 cœlentérés, 1 échinoderme, 1 bryozoaire, 1 ver plat, 2 nématodes, 2 vers annélides, 11 mollusques, 9 crustacés, 14 insectes, 1 grenouille, 1 tortue, 6 poissons, 4 oiseaux et 9 mammifères. Les fiches signalétiques de toutes ces espèces, avec photos et carte de répartition géographique, sont accessibles librement dans la base de données DAISIE (www.europe-aliens.org).

Parmi les plantes les plus invasives d'Europe, on compte l'ambroisie à feuilles d'armoise (*Ambrosia artemisiifolia*), l'opuntia ou figuier de Barbarie (*Opuntia ficus-indica*), le cerisier noir (*Prunus serotina*), le robinier (*Robinia pseudoacacia*) toutes originaires d'Amérique, l'ailante (*Ailanthus altissima*), la renouée du Japon (*Fallopia japonica*), la berce du Caucase (*Heracleum mantegazzianum*), l'impatiente glanduleuse (*Impatiens glandulifera*) toutes provenant d'Asie et le croc de sorcière ou figuier des Hottentots africain (*Carpobrotus edulis*).

Parmi les vertébrés les plus invasifs d'Europe, on trouve la tortue à tempes rouges (*Trachemys scripta*), la grenouille-taureau ou wawaron (*Lithobates catesbeianus*), l'érismature rousse (*Oxyura jamaicensis*), la bernache du Canada (*Branta canadenis*) tous originaires d'Amérique, ainsi que la perruche à collier (*Psittacula krameri*) et l'ibis sacré (*Threskiornis aethiopicus*) d'Afrique. Les mammifères comprennent le vison américain (*Neovison vison*), le ragondin (*Myocastor coypus*), le rat musqué (*Ondatra zibethicus*), le raton-laveur (*Procyon lotor*), l'écureuil gris américain (*Sciurus carolinensis*) tous provenant d'Amérique, ainsi que le chien viverrin (*Nyctereutes procyonoides*), le rat brun ou surmulot (*Rattus norvegicus*), le tamia de Sibérie (*Tamias sibiricus*) et le cerf Sika (*Cervus nippon*) originaires d'Asie.

parmi elles s'y est vraiment établi, telle la lampourde épineuse (*Xanthium spinosum*) du Chili ou le séneçon du Cap (*Senecio inaequidens*) d'Afrique du Sud.

Introductions involontaires de poissons

Une contamination par des espèces non indigènes peut naturellement aussi se produire chez les animaux. Ainsi, lors de l'importation intentionnelle d'une nouvelle espèce de poisson, une autre fut souvent introduite involontairement. Il est bien connu que lors de l'apport de l'amour blanc d'Asie (*Ctenopharyngodon idella*), dans le but présumé de contrôler les mauvaises herbes des cours d'eau, quelques autres espèces de poissons furent importées, entre autre le pseudo-rasbora (*Pseudorasbora parva*). Celui-ci rejoint les bancs d'autres poissons et fut ainsi disséminé dans de nouveaux cours d'eau par les rempoissonnements ou les transports de poissons indigènes.

De manière générale, les couches d'organismes (*Aufwuchs* en allemand) recouvrant les animaux aquatiques à coque dure constituent également une source de contamination. Dans chaque mise à l'eau de mollusques, tous les organismes qui vivent fixés sur leur coquille sont disséminés du même coup. Il s'agit d'organismes unicellulaires, mais aussi de plusieurs espèces multicellulaires de petite taille cachées dans les interstices et fentes de la coquille calcaire, et encore de quelques espèces dont la taille s'accroît par la suite et peuvent s'étendre sur de grandes surfaces. Par exemple la sargasse ou varech (*Sargassum muticum*), arrivée par un transport d'huîtres des Caraïbes vers le nord de la France, s'est ensuite étendue par la dérive d'un tapis d'algues en direction de l'Angleterre et des Pays-Bas (Wallentinus 1999).

Transports par les routes, le rail et les airs

L'inventaire des introductions non intentionnelle d'espèces vivantes se poursuit avec le transport des marchandises, activité humaine immémoriale. La probabilité de survie des passagers clandestins dans le vrac et les bagages dépend de manière décisive de la durée du transport. Avec les véhicules modernes, le temps des déplacements s'est fortement réduit et des organismes en nombre croissant ont beaucoup plus de chance de survie qu'il y a 100 ans. La fréquence des transports a fortement augmenté. Finalement, le déplacement en soi est devenu bien plus agréable en compartiments climatisés. Même des organismes de petite taille et sensibles peuvent y survivre, alors que normalement ils se dessécheraient.

En avion, les passagers clandestins, bêtes et plantes, peuvent atteindre en peu d'heures un autre continent. En l'espace d'un jour on peut relier les hémisphères Nord et Sud ou l'Atlantique au Pacifique. Les zones tropicales et tempérées sont ainsi directement en contact. Le transport aérien a fait naître dans les zones d'aéroports des îlots de populations d'espèces non indigènes, qui à partir de là s'étendent par d'autres moyens de transport ou par leur propre force. La route ou le rail, à proximité des pistes, favorisent la dissémination à de vastes territoires. Les voies de transport, regroupées en grands axes de communication parcourus de trains de marchandises et de camions, deviennent dans un continent les couloirs de pénétration pour les espèces non indigènes.

Les poids lourds et la mineuse du marronnier

La mineuse du marronnier (*Cameraria ohridella*) est un petit papillon d'à peine cinq millimètres de long qui creuse des galeries dans les feuilles du marronnier (*Aesculus hippocastanum*) et les endommage. Trois à quatre générations par année, une forte reproduction et leur pullulation peuvent, en plein été, provoquer un brunissement du feuillage et l'enlaidir; la croissance des arbres est perturbée à son tour. La mineuse du marronnier est probablement originaire du Sud-Est de l'Europe et fut étudiée pour la première fois en Macédoine en 1984 (Valade *et al.* 2009). En 25 ans, elle a réussi, à partir des Balkans, à s'étendre à toutes les grandes villes et régions européennes par les transports routiers. Les camions s'arrêtent dans des aires de stationnement, à côté desquelles il y a souvent des marronniers. Lorsque quelques mineuses ou feuilles portant des pupes tombent, elles peuvent être transportées dans des interstices ou parmi les marchandises. Au prochain arrêt, après plusieurs centaines de kilomètres, le véhicule peut contaminer d'autres marronniers. Les mineuses seules, avec une capacité de vol probablement inférieure à 100 mètres, ne peuvent provoquer qu'une dissémination locale, jusqu'au prochain arbre ou à la route la plus proche (www.cameraria.de).

La dissémination par les grands axes de transport terrestres et les lignes aériennes

Les véhicules routiers transportent toujours dans le profil des pneus ou dans la saleté les recouvrant un grand nombre de graines végétales (Kowarik et Von der Lippe 2007). Celles-ci se détachent après un certain temps et peuvent être recueillies par les véhicules suivants. De cette manière, une avancée continuelle de plantes intervient le long des grands axes de communication, devenus des corridors de dispersion ; ces graines diverses germent le long des routes et forment des aires de distribution en forme de bandes.

L'araignée *Zodarion rubidum*, d'une taille d'à peine quelques millimètres, n'était connue jusqu'en 1914 que dans une aire restreinte des Pyrénées orientales. En l'espace de 80 ans, elle fut mise en évidence dans toutes les grandes villes d'Europe centrale, de la France à la Belgique, en Allemagne et en Pologne, en Suisse, en Autriche, en République tchèque, en Slovaquie et jusqu'en Hongrie. La séquence temporelle de cette dissémination indique que ces organismes ont progressé le long des voies ferrées, transportés par le train (Pekar 2002). On a fait état de ce mode de propagation pour d'autres espèces d'araignées non indigènes. Les premières observations ont été faites par exemple à Cologne ou à Bâle et par la suite en Autriche ou en Italie du Nord. C'est la zone de voies de communication Nord-Sud fortement fréquentées à travers le Brenner ou le Gothard, avant tout par les trains de marchandises (Hänggi et Bolzern 2006).

Des moustiques tropicaux peuvent transmettre à l'espèce humaine une série d'agents pathogènes, provoquant dans certains cas des maladies très désagréables. Même de petits insectes à cuticule mince, donc menacés de dessiccation, peuvent, par des vols intercontinentaux, parvenir en Europe à partir de continents éloignés. Au cours des dernières décennies, le nombre de mises en évidence de moustiques dans les avions a augmenté, bien que le personnel s'efforce d'éliminer ce risque par des insecticides. Ainsi, le contrôle de 67 aéronefs arrivés à Londres en provenance de pays tropicaux, a révélé la présence de moustiques dans 12 cas. On voue une attention particulière aux espèces du genre *Anopheles* qui peuvent transmettre la malaria, ainsi que l'*Aedes*, qui tel le moustique-tigre asiatique transmet toute une série de virus à l'être humain. Le virus du Nil occidental fut introduit par des moustiques dans un avion de ligne d'Israël aux Etats-Unis, où il se dissémine depuis lors sur l'ensemble du continent.

Autre cas documenté de dissémination par vols intercontinentaux : la chrysomèle des racines du maïs (*Diabrotica virgifera*), le plus important ravageur de cette céréale en Amérique du Nord. Ce sont des coléoptères qui s'orientent par la lumière et volent en direction d'avions illuminés ou de lampadaires le long des routes. Ils parviennent parfois à s'infiltrer à l'intérieur de l'avion et ne le quittent qu'après son atterrissage. Ainsi ont eu lieu de nombreuses introductions non désirées en Europe à partir des années 1990, notamment par les aéroports de Londres, Paris, Amsterdam et Bruxelles. Ces irruptions furent détectées très rapidement et les coléoptères purent être neutralisés dans la plupart des cas. En 1992, une infestation fut découverte à proximité de l'aéroport de Belgrade, au cours de la guerre des Balkans, quand y atterrissaient des avions chargés de matériel d'entraide venant des Etats-Unis. D'autres apparitions furent notées à partir de 1998 en Italie, près des aéroports de Venise et de Milan. Ces deux régions contaminées, ainsi que de nouveaux foyers d'infestation en Allemagne, s'accroissent régulièrement depuis lors. Le front d'expansion atteint par la chrysomèle des racines du maïs se déplace de 40 à 80 kilomètres par an. Dans un avenir proche, l'ensemble de la surface de culture du maïs en Europe sera affecté.

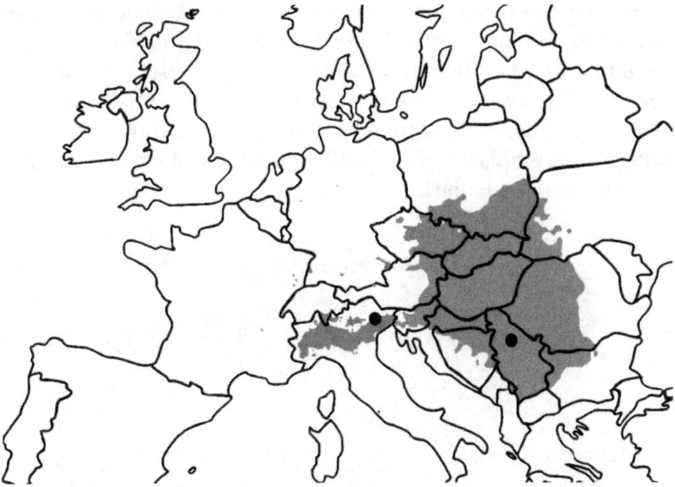

La chrysomèle des racines du maïs (*Diabrotica virgifera*) envahit l'Europe. Ce coléoptère a été introduit à partir des USA par les aéroports de Belgrade et d'Italie du Nord et s'étend en Europe de l'Est. Des foyers près de Londres, Paris, Amsterdam et Bruxelles ont pu être éliminés, mais le ravageur continue son expansion en France, en Allemagne et en Suisse. Etat en 2008.

Source : modifié d'après www.eppo.org.

La dissémination des espèces par les bateaux et les voies de navigation

Le poids des bateaux peut fortement varier entre leur charge maximale et leur navigation à vide et doit de ce fait être stabilisé. Depuis près de 150 ans, les cargos sont construits en acier, si bien qu'il est possible d'emmagasiner à cette fin de l'eau de ballast dans des réservoirs ou dans les cavités de la double coque. Compte tenu de la taille moyenne des porte-containers actuels, cela représente des volumes de 20 000 à 40 000 mètres cubes d'eau de mer. Sur le plan mondial, cette pratique implique plusieurs milliards de mètres cubes, qui chaque année sont échangés entre les continents. Cette eau contient évidemment toutes sortes d'organismes vivants, qui seront relâchés au lieu de destination lors de la vidange. Ce brassage global des espèces conduit partout à une introduction continue d'espèces non indigènes, telles que bactéries, algues, méduses, crustacés, mollusques, et même des animaux de grande taille comme les poissons. Jusqu'à présent, plus de 4000 espèces ont été inventoriées dans les eaux de ballast.

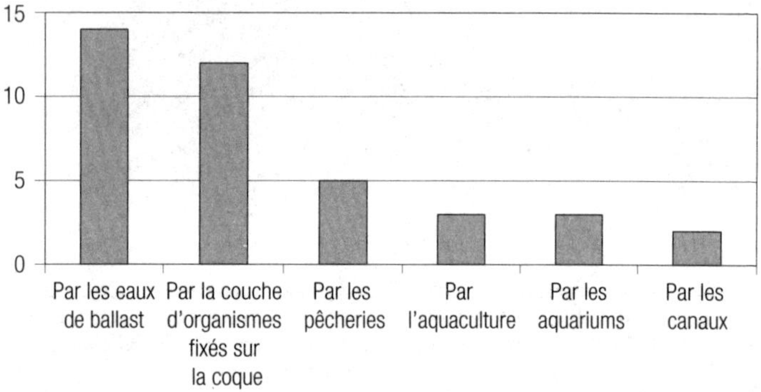

Voies de dissémination d'espèces aquatiques non indigènes recensées en Europe de 1998 à 2000 (leur importance relative).

Source : modifié d'après Minchin et Gollasch, 2002.

Parmi les exemples connus d'espèces disséminées par les eaux de ballast, il y a la moule zébrée (*Dreissena polymorpha*), qui provient à l'origine de la région mer Noire-Caspienne. Elle est actuellement très répandue en Europe et dans les lacs nord-américains. Organisme très concurrentiel, la moule zébrée atteint des densités de population élevées, refoulant toutes les espèces indigènes.

Quant au cténophore ou cténaire *Mnemiopsis leidyi*, il fut importé en 1982 par les eaux de ballast de la côte atlantique américaine à la mer Noire. Là, les animaux se multiplièrent de manière explosive et le rendement de la pêche tomba à un dixième des prises antérieures, car les méduses se nourrissaient des mêmes espèces planctoniques que les poissons pour leur croissance. La situation ne changea qu'en 1997, lorsqu'une autre espèce de cténophore (*Beroë ovata*) se nourrissant de *Mnemiopsis leidyi* fut importée dans la mer Noire, à nouveau par des eaux de ballast. Les années suivantes, un équilibre s'est établi progressivement entre les deux espèces de cténophores. En 1999, *Mnemiopsis leidyi* fut également importée dans la mer Caspienne par des eaux de ballast et l'histoire précédente s'y répéta (Graham et Bayha 2007). En 2006, cette espèce fut observée pour la première fois dans la mer Baltique.

Pour un organisme marin, un navire représente une grande surface à coloniser. Au cours du temps se fixe sur la coque externe d'un bateau une couche d'organismes, l'*Aufwuchs* que nous avons vu plus haut, constituée d'algues, de mollusques, de balanes et de bien d'autres êtres vivants. Lorsque le vaisseau se déplace, ce petit monde est transféré dans un nouvel habitat où il s'établit. Sur le plan mondial, en comparaison avec les eaux de ballast pour le transport d'espèces dans les océans, ces organismes agrippés à la coque ne sont probablement qu'un problème d'importance mineure. Mais le phénomène ne doit pas être sous-estimé, car cette couche peut atteindre jusqu'à 30 centimètres, colonisée par un grand nombre d'espèces. Même dans le cas des voiliers ou des petits bateaux à moteur et de plaisance, ils contribuent à la dissémination d'organismes d'un plan d'eau à un autre.

Les voies de navigation fluviales y contribuent également. De nos jours, elles sont reliées par un réseau de canaux d'eaux douces et les isthmes sont franchis par des canaux marins. Des aires aquatiques qui furent séparées pendant de longues périodes de l'histoire de la Terre se trouvent connectées artificiellement. On parle aujourd'hui à ce propos d'« autoroutes d'invasion ». Au cours des 200 dernières années, l'Europe autrefois divisée par des systèmes fluviaux séparés, ceux du Rhône, du Rhin, du Danube, de l'Elbe sans oublier le Don, la Volga ou la Neva, ont été interconnectés par la construction de canaux, comme celui de la Volga au Don, le *Mittellandkanal* reliant Rhin, Ems, Weser et

Elbe, le canal Rhin-Main-Danube et celui du Rhône au Rhin. La mer Noire, la mer Caspienne et la mer Baltique, dont la salinité est environ la moitié de celle des mers du globe, ont été mises en contact avec les océans. Les transports par bateaux, qui naviguent à l'heure actuelle sur la planète dans un réseau de 28 000 kilomètres de voies navigables, et les mouvements de masses d'eau qui en découlent, permettent désormais un échange quasiment libre des organismes.

Au moins 65 espèces d'origine mer Noire - mer Caspienne ont pu s'étendre vers l'Ouest. L'une des premières fut la moule zébrée (*Dreissena polymorpha*), mentionnée plus haut, qui en vérité avait déjà atteint l'Ouest de l'Europe au 19e siècle, mais qui a pu maintenant accéder en Amérique du Nord par l'intermédiaire de la mer Baltique : les eaux de ballast prélevées par les bateaux dans la Baltique avaient une salinité plus faible que dans l'Atlantique de telle sorte que la moule zébrée put traverser l'Atlantique dans ce bain spécial et coloniser finalement les lacs nord-américains. Les crustacés amphipodes *Chelicorophium curvispinum* et *Dikerogammarus villosus* n'ont conquis les systèmes fluviaux européens qu'au 20e siècle, mais les ont modifiés de manière sensible. Au moins cinq invertébrés méditerranéens sont passés du Rhône au Rhin. Pas moins de 14 espèces d'invertébrés et de poissons se sont disséminées du Danube au Rhin et 4 espèces ont suivi le chemin inverse. Jusqu'à présent, au moins 17 espèces ont atteint la mer Caspienne dans leur expansion vers l'Est ; de plus, des espèces extérieures à l'Europe, comme la palourde asiatique *Corbicula fluminea*, ont en quelques années à peine étendu leur aire de répartition, utilisant dans une large mesure le réseau fluvial (Galil *et al.* 2007).

En 1869, une connexion fut créée par le canal de Suez entre la mer Rouge au climat tropical et la Méditerranée orientale au caractère subtropical. Une voie navigable était ainsi établie entre l'océan Indien et l'Atlantique. Il s'agit d'un canal d'eau salée et le courant se dirige le plus souvent de la mer Rouge vers la Méditerranée, à cause de la prédominance des vents du sud et du niveau plus élevé de la mer Rouge. Il est donc plus facile

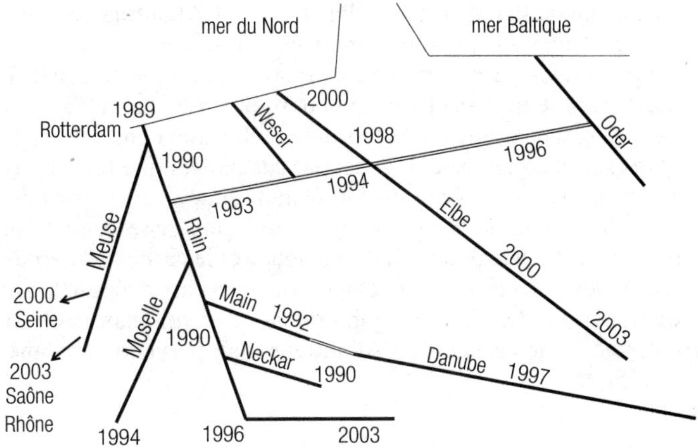

Invasion de la palourde asiatique *Corbicula fluminea*. Ce mollusque fit son apparition en 1989 dans le port de Rotterdam. Il a étendu son aire en Europe centrale pendant 14 ans par voie des cours d'eau et des canaux. Les lignes épaisses représentent les cours d'eau, les lignes doubles des canaux et les lignes minces sont les côtes ; les dates indiquent les années de la première occurrence.

Source : schématisé d'après Galil *et al.* 2007.

pour les espèces de la mer Rouge de parvenir dans la Méditerranée que l'inverse. Les statistiques le confirment, car jusqu'à ce jour plus de 500 espèces de la mer Rouge ont été recensées dans la Méditerranée (migration dite de Lesseps). En sens contraire, seules quelques espèces ont trouvé leur chemin. Actuellement, cinq à dix espèces de la mer Rouge sont nouvellement découvertes chaque année dans la Méditerranée et la tendance va progressant. C'est toute la communauté marine qui, par conséquent, s'est trouvée modifiée de façon durable. Elle est dominée en de nombreux endroits par des espèces de la mer Rouge, ou même de l'océan Indien, qui représentent maintenant plus de 10% des espèces de la Méditerranée : 99 espèces de poissons, 67 espèces de crustacés évolués (décapodes), 137 espèces de mollusques et 110 espèces d'algues, toutes non indigènes, ont été recensées dans la Méditerranée (www.ciesm.org/atlas).

Le canal de Panama relie le Pacifique et l'Atlantique et pourrait, avec les nouveaux aménagements, entraîner des modifications profondes parmi les espèces marines, comme le canal de Suez. L'isthme de Panama est parcouru par une chaîne de montagne constituée d'une roche très dure et il a fallu construire trois écluses sur chaque versant. C'est par ces paliers que les navires peuvent passer au niveau du lac Gatún, situé à 26 mètres audessus du niveau de la mer, le traversent, puis redescendent de l'autre côté. Le lac Gatún est d'eau douce et les espèces marines ne pouvaient survivre à ce passage. Au cours de près de 100 ans d'exploitation, depuis l'inauguration de cette voie navigable en 1914, une seule espèce de l'Atlantique était parvenue à gagner le Pacifique.

Maladies et ravageurs des végétaux. Premier exemple : les ormes et les châtaigniers

Lors de la dissémination des plantes cultivées, liée à l'histoire de l'humanité, leurs agents pathogènes furent également répandus à l'échelle mondiale, surtout les maladies virales, bactériennes et fongiques, mais aussi les ravageurs des plantes, nématodes, gastéropodes, acariens et insectes. Le *Plant Protection Thesaurus* de l'EPPO, *European Plant Protection Organisation*, dresse une liste de 4300 micro-organismes et 19 200 ravageurs animaux ayant conduit à des nuisances et qui sont avant tout d'origine non indigène. La forte dissémination des maladies et des ravageurs de végétaux est due en premier lieu à l'absence de mesures de quarantaine ou à l'insuffisance de leur application.

L'exemple classique de la dissémination d'une maladie fongique non indigène, c'est la mort des ormes en Europe. Au début du 20e siècle, une espèce de champignon ascomycète (*Ophiostoma ulmi*), qui fait périr cet arbre, a été introduite de manière non intentionnelle aux Pays-Bas par des troncs infestés provenant de l'Asie de l'Est (Desprez-Lousteau 2006). En quelques décennies, le champignon se répandit rapidement dans tout le continent et infesta les ormes. Ce sont surtout les ormes montagnards (*Ulmus glabra*) qui succombèrent au champignon. Par des exportations de bois, celui-ci fut transmis en Amérique du Nord où il eut également un effet dévastateur. Dans les années 1960, un deuxième champignon (*Ophiostoma novo-ulmi*) fut importé d'Amérique du Nord en Europe, à nouveau par du bois infesté. Pratiquement au même moment, une autre variante agressive du champignon arriva d'Asie en Europe. Ces espèces d'ascomycètes se rencontrent maintenant dans une vaste partie de l'Europe et sont disséminées par les scolytes indigènes (*Scolytus scolytus*), contaminés par les spores des champignons. Suivant les régions, de nombreux ormes sont non seulement atteints mais meurent (Peterken et Mountford 1998).

De manière comparable, le chancre du châtaignier asiatique, causé par le champignon *Cryphonectria parasitica*, survint en compagnie de végétaux aux Etats-Unis en 1904, et de là il fut importé en Europe en 1938. Entre-temps, en plus de la France, de l'Italie et de la Suisse, de vastes zones d'Allemagne furent frappées. En général, les châtaigniers infestés (*Castanea sativa*) meurent eux aussi.

Parmi les ravageurs phytophages les plus fréquents de plantes cultivées, il y a les pucerons (*Aphidoidea*), les cochenilles (*Coccoidea*), les mouches blanches (*Aleurodidae*), les chrysomèles (*Chrysomelidae*), les charançons (Curculionidae), les papillons (*Lepidoptera*), les galles (*Cecidomyidae*), différentes espèces de mouches (*Diptera*), les thrips (*Thysanoptera*) et les tenthrèdes (*Tenthredinidae*). Ces insectes peuvent être disséminés incognito par des fragments végétaux, aux stades d'œuf, de larve ou de pupe. En outre, plusieurs d'entre eux disposent de moyens de dissémination propres ou sont transportés passivement par le vent.

L'invasion du doryphore

Considérons ici deux invasions de ravageurs de végétaux qui se sont inscrites comme des événements majeurs dans l'histoire de l'Europe : le doryphore et le phylloxéra.

Le doryphore (*Leptinotarsa decemlineata*) vivait à l'origine sur une espèce de morelle (*Solanum rostratum*), plante sauvage du Colorado, USA. La pomme de terre (*Solanum tuberosum*) est originaire d'Amérique du Sud et plus précisément des Andes et fut amenée en Europe au 16e siècle et de là, au 18e siècle, en Amérique du Nord. Là, sa culture s'est étendue lentement d'Est en Ouest, jusqu'à ce qu'elle atteigne le Colorado en 1859. Le doryphore passa alors sur la pomme de terre, espèce étroitement apparentée à sa plante-hôte, et parvint en l'espace de 15 ans seulement sur la côte Est des Etats-Unis. Par des transports de pommes de terre vers l'Europe, des doryphores, attachés sans doute à la terre entourant les tubercules, furent également importés, et les premiers doryphores apparurent en 1877 en Angleterre, aux Pays-Bas et en Allemagne, indépendamment les uns des autres et toujours à proximité de villes portuaires. Les dégâts causés aux cultures de pommes de terre par les doryphores furent

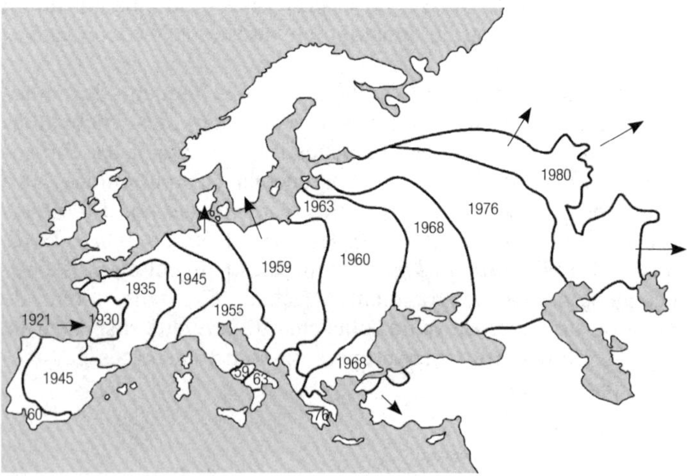

L'invasion des doryphores. Après son introduction en provenance de l'Amérique du Nord en 1921, le doryphore *Leptinotarsa decemlineata*, se répandit dans toute l'Europe. Il a atteint la Chine en passant par la Russie et il colonise toutes les régions dans lesquelles on cultive la pomme de terre.

Source : synthèse de sources diverses.

spectaculaires et de gros efforts furent requis pour éradiquer ces ravageurs. De 1887 à 1914 il fut apparemment possible d'éliminer les doryphores de la plupart des surfaces atteintes, mais dès 1920, les coléoptères commencèrent à se répandre toujours plus rapidement à partir d'un foyer situé près de Bordeaux. En 1935, le doryphore était présent dans toute la France et atteignit la Belgique. L'année suivante, il franchit le Rhin et se répandit en Allemagne, avec une avancée de 30 kilomètres et plus par année, en direction de l'Est. En 1945, il passa l'Elbe, en 1950 l'Oder, en 1960 il avait traversé la Pologne et atteint la frontière russe. Dans les années suivantes, le doryphore continua sa course vers l'Orient, frappant toutes les régions où l'on cultive la pomme de terre. Au cours des dernières années, il est arrivé en Iran et en Chine et il continue à se répandre en Asie à partir de là.

La catastrophe du phylloxéra

Le phylloxéra de la vigne (*Viteus vitifoliae*) est un puceron, qui suivant le stade de développement prélève de la sève au niveau des racines ou des feuilles de la vigne. Il fut découvert en 1855 sur des vignes sauvages d'Amérique du Nord. A l'époque existait déjà un intense échange de produits végétaux entre l'Amérique du Nord et l'Europe, qui contribua au surgissement de l'oïdium de la vigne (*Uncinula necator*) en Europe en 1848. Afin de tester si les pieds de vigne américains résistaient à l'oïdium, on importa à nouveau des plants en Europe et introduisit ainsi en 1858, sans s'en rendre compte, des phylloxéras. Les vignes européennes (*Vitis vinifera*) sont, contrairement aux espèces américaines, très sensibles à ce nouveau ravageur et meurent, alors que les espèces américaines sont résistantes. En 1863, on découvrit dans le Sud de la France les premières parcelles détruites par le phylloxéra et en quelques décennies à peine, ce ravageur s'était étendu à tous les vignobles européens. La France fut touchée très gravement et en l'espace de 20 ans, 2,5 millions d'hectares de vignes furent anéantis, le double de la surface cultivée actuelle. Les répercussions furent catastrophiques sur l'agriculture française. En Allemagne, le phylloxéra fut découvert pour la première fois en 1874 en Rhénanie, en 1885 les vignobles de l'Est de l'Allemagne étaient frappés, en 1913 les régions du Sud. Etant donné que la vigne américaine est insensible au phylloxéra, on résolut le problème en greffant les variétés européennes sur des porte-greffes américains, remplaçant de cette manière les plants européens sensibles. De cette manière, pendant près de 100 ans, le problème du phylloxéra fut progressivement résolu dans la plupart des régions d'Europe. Le ravageur toutefois est réapparu récemment et toujours plus fréquemment. Le changement climatique favorise son développement et il trouve en outre de nouveaux habitats dans le grand nombre des vignes abandonnées ainsi que dans toutes les vignes domestiques ou ornementales non greffées, domaines où le dangereux puceron peut se développer hors contrôle.

Les ravageurs dans les semences

Les ravageurs qui se développent à l'intérieur des graines ou semences, le plus souvent des insectes, peuvent également être importés par les graines elles-mêmes. De nos jours, les graines des plantes cultivées servent à la fois comme semences et comme réserves alimentaires. Leur commerce appartient aux plus vieilles activités économiques de l'humanité; de ce fait, tous les ravageurs de denrées stockées les plus communs ont une distribution mondiale (Sellenschlo et Weidner 2003). Il s'agit avant tout de coléoptères de la famille des anobiidés (*Anobiidae*), des bostrichidés (*Bostrichidae*), des chrysomèles (*Chrysomelidae*), des cucujidés et silvanidés (*Cucujidae* et *Silvanidae*), des charançons (*Curculionidae*), des dermestidés (*Dermestidae*), des mycétophagidés (*Mycetophagidae*), des nitidulidés (*Nitidulidae*), des ptinidés (*Ptinidae*) et des ténébrionidés (*Tenebrionidae*). Des papillons, avant tout la teigne des fruits secs (*Plodia interpunctella*), la pyrale de la farine (*Ephestia kuehniella*) et l'alucite des céréales (*Sitotroga cerealella*), ainsi que des psocoptères (*Psocoptera*), sont également d'importants ravageurs des denrées alimentaires stockées. Sur le plan mondial, il s'agit de plus de 1000 espèces, qui détruisent annuellement 20% des récoltes.

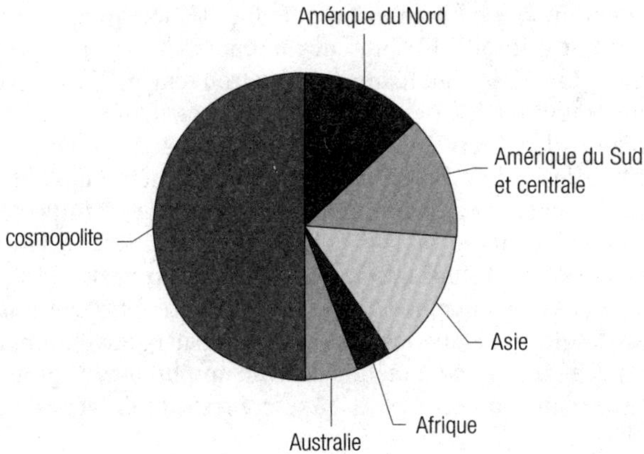

Origine de 54 espèces de coléoptères non indigènes, ravageurs de denrées stockées et entreposées, observées en Suisse.

Source : de Wittenberg 2005.

Les ravageurs dans les transports de bois et les plantes en pots

De manière comparable, les transports de bois ont également conduit à une répartition mondiale des ravageurs xylophages. Il s'agit avant tout des longicornes ou capricornes (*Cerambycidae*), des scolytes (*Scolytinae*), des anobiidés (*Anobiidae*), des lyctidés (*Lyctidae*), des bostrichidés (*Bostrichidae*), dans les zones subtropicales et tropicales également des termites (*Isoptères*). Au cours des dernières années, le bois d'emballage, utilisé en caisses ou en palettes, apparaît de plus en plus comme un moyen dominant de dissémination d'espèces invasives de ravageurs du bois. Le longicorne asiatique (*Anoplophora glabripennis*) long de 3,5 centimètres a été importé à plusieurs reprises aux USA et en Europe par cette voie. Les animaux se développent ensuite sur de nombreuses espèces d'arbres à feuilles caduques, qui meurent la plupart du temps. Il s'ensuit des dégâts forestiers considérables.

Le commerce de plantes en pots mérite une attention particulièrement critique. En plus des animaux ravageurs qui sont importés, tous les organismes qui se trouvent à l'origine dans la terre entourant les racines parviennent également au lieu de destination. Des vers de terre, mais également des nématodes nuisibles, des collemboles, des myriapodes, même des groupes entiers d'espèces ou de communautés peuvent être importés de cette façon (Kenis *et al.* 2007, Roques *et al.* 2009). Même un animal aussi inhabituel que le plathelminthe terrestre et prédateur de Nouvelle-Zélande (*Arthurdendyus triangulata*) fut introduit en Angleterre dans les années 1960, par la terre de plantes en pots. Ces vers se sont établis dans de nombreuses régions ; ils sont en expansion depuis lors et se nourrissent de vers de terre locaux.

L'histoire de la distribution d'une des plus grandes mygales d'Europe est non moins singulière : l'espèce espagnole *Macrothele calpeiana*, qui fut à l'origine limitée à une petite région au Sud de l'Espagne, apparut au cours des dernières années à proximité d'exploitations horticoles en Italie, Belgique et Allemagne, dans lesquelles de vieux oliviers ou des chênes-lièges furent vendus dans de très grands containers de provenance ibérique. Manifestement, les araignées furent importées du même coup, cachées dans la terre, entre les racines ou sous l'écorce.

Les animaux transporteurs de maladies et de parasites

Tout comme pour les maladies des plantes, disséminées autour de la planète par le commerce, les animaux transportent partout leurs maladies et leurs parasites. Et les atteintes les plus fréquentes viennent des bêtes de compagnie, présentes dans tous les continents. Mais un autre mode de distribution a pour origine des espèces non indigènes proches parentes d'espèces de nos pays. Au cours de l'évolution, les espèces non indigènes sont parvenues dans leur aire d'origine à s'adapter aux pathologies et menaces locales. Les espèces parentes européennes n'ont pas bénéficié de cet endurcissement. De ce fait, elles sont aisément victimes des agents pathogènes et des parasites non indigènes.

Dans de nombreux cas, des populations entières d'animaux indigènes meurent dans leur région jusqu'à entraîner, pour certains d'entre eux, la disparition complète de l'espèce.

L'écureuil gris américain, l'écrevisse, l'anguille, l'abeille

L'écureuil gris américain (*Sciurus carolinensis*) fut introduit de manière illégale en Angleterre en 1872, et en 1948 en Italie du Nord (Bertolino et Genovesi 2003). Il se répandit sur de vastes régions des îles britanniques où il provoqua l'extinction locale de l'écureuil roux ou d'Eurasie (*Sciurus vulgaris*). Pendant longtemps, on a admis que le comportement plus agressif de l'espèce invasive et la compétition pour la nourriture furent responsables de la disparition de l'espèce indigène. De nouvelles données montrent que *Sciurus carolinensis* véhicule un virus variolique (parapoxvirus), contre lequel il est immunisé. Si en revanche, les écureuils européens sont infectés, ils meurent (Sainsbury *et al.* 2000). Ainsi, à long terme, la survie de l'écureuil roux dans des régions occupées par l'écureuil gris n'est pas assurée.

Dans la plupart des pays d'Europe, il y a plusieurs espèces indigènes d'écrevisses, dont les populations ont fortement régressé au cours des 50 dernières années. Nous avons vu dans un chapitre précédent que ce sont des espèces nord-américaines qui en sont responsables, car elles transmettent une maladie fongique, alors qu'elles-mêmes sont immunisées. L'écrevisse à pattes rouges (*Astacus astacus*), ainsi que les autres espèces européennes sont extrêmement sensibles à l'agent de cette peste des écrevisses, le champignon *Aphanomyces astaci*, et elles en meurent (Alderman *et al.* 1987). Les écrevisses ont déjà disparu de nombreux milieux aquatiques et on peut douter qu'elles puissent survivre à l'invasion des espèces nord-américaines.

Pour l'élevage de l'anguille européenne (*Anguilla anguilla*), des anguilles japonaises (*Anguilla japonica*) furent importées en Europe et avec elles le nématode (*Anguillicola crassus*), ver qui se développe dans la vessie natatoire. L'anguille européenne en semble davantage affectée que la japonaise et meurt après quelque temps (Sures et Knopf 2004). Pour l'instant, on ne sait pas dans quelle mesure des parasites sont parvenus à se répandre jusqu'aux milieux naturels. Dans le cas d'une expansion à l'ensemble de l'Europe, cela pourrait conduire à l'extinction de l'anguille européenne.

Le transport d'abeilles asiatiques (*Apis cerana*) dans les années 1960 à partir de la Corée, du Japon ou de la Thaïlande vers les Philippines a provoqué l'importation subreptice de l'acarien qui les parasite, *Varroa destructor*. Celui-ci est entré en contact avec l'espèce proche parente européenne (*Apis mellifera*), l'infesta et fut disséminé en quelques décennies dans le monde entier par l'importation d'abeilles européennes en vue d'améliorer les élevages et par le comportement itinérant qu'on observe chez les apiculteurs. L'acarien *Varroa* est apparu chez des abeilles européennes au Japon et en Russie dans les années 1960 déjà, en 1977 en Allemagne, en 1982 en France, en 1984 en Suisse, en 1987 aux Etats-Unis et en 2000 en Nouvelle-Zélande. Les abeilles européennes réagissent de manière très sensible à *Varroa* et les colonies fortement infestées meurent.

Les animaux échappés de la captivité

Les animaux échappés de la captivité appartiennent souvent à des espèces non indigènes, fuyant des élevages ou des enclos à sécurité déficiente et il arrive qu'ils s'établissent comme population sauvage. Environ 50% des vertébrés sauvages non indigènes rencontrés en Allemagne se sont échappés des élevages et autres enfermements (Hubo *et al.* 2007). Ce nombre montre à quel point la sécurité, dans de nombreux cas, est négligée.

Beaucoup de ces animaux sont des oiseaux, provenant de volières et de parcs publics hébergeant des volatiles d'ornement. En Europe centrale, on rencontre ainsi en liberté le canard carolin d'Amérique du Nord (*Aix sponsa*) et le canard mandarin d'Asie de l'Est (*Aix galericulata*), le tadorne casarca d'Asie centrale (*Tadorna ferruginea*), le cygne noir d'Australie (*Cygnus atratus*), ou le nandou d'Amérique du Sud (*Rhea americana*). Autrefois, on empêchait que les oiseaux s'échappent en écourtant leurs ailes. Cela équivaut de nos jours à une amputation, pratique interdite dans la plupart des Etats européens.

La colonie européenne d'ibis sacré (*Threskiornis aethiopicus*), dont la région d'origine est située au sud du Sahara, provient d'animaux échappés au début des années 1980 d'un petit zoo français. En l'espace de 25 ans, les animaux se sont disséminés de la France jusqu'en Italie et ont constitué une population européenne d'un effectif de plusieurs milliers d'individus (Kestenholz *et al.* 2005). Toutes les colonies de perroquets qui vivent dans certaines grandes villes européennes résultent d'animaux qui se sont enfuis d'élevages privés ou de jardins zoologiques. L'espèce la plus fréquente est la perruche à collier (*Psittacula krameri*), originaire d'Asie, qui finalement comprend en Europe, à l'état sauvage, plusieurs dizaines de milliers d'individus. Dans la ville de Cologne, on recense actuellement une population de 5000 perruches issues de 6 individus

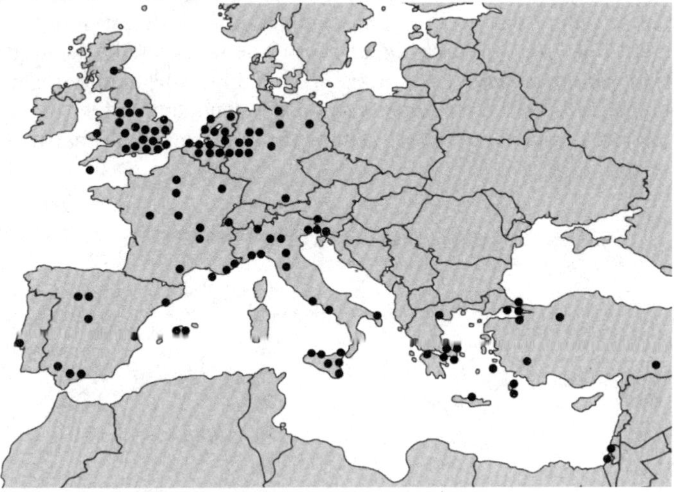

Les perruches à collier échappées recensées en Europe. *Psittacula krameri* – vers 2007.

Source : modifié d'après www.europe-aliens.org.

échappés du jardin zoologique en 1967. S'ajoutent, sur le plan européen, plusieurs milliers de perruches moines (*Myiopsitta monachus*), d'origine sud-américaine, ainsi que d'autres espèces de perroquets (Kestenholz *et al.* 2005).

En Allemagne, le raton-laveur (*Procyon lotor*) d'origine nord-américaine s'est échappé dès les années 1930 des fermes d'élevage d'animaux à fourrure. Il fut en outre lâché de manière intentionnelle comme gibier et, dans les années 1940, quand on chercha à se débarrasser d'animaux de compagnie indésirables. Même situation pour le chien viverrin (*Nyctereutes procyonoides*), originaire de l'Asie de l'Est. En Europe de l'Est, beaucoup de bêtes à fourrure s'échappèrent de fermes d'élevage, mais furent également relâchées de manière intentionnelle en Biélorussie et en Ukraine, et de là elles ont étendu leur domaine en direction de l'Europe de l'Ouest.

Parmi les insectes, on compte aussi des animaux échappés de captivité, car toutes les espèces relâchées dans les serres en vue d'un contrôle biologique des ravageurs peuvent s'évader en pleine nature par les installations d'aération. Telle est probablement l'origine de l'invasion en Europe de la coccinelle asiatique (*Harmonia axyridis*) (Majerus *et al.* 2006). De manière semblable, des bourdons (*Bombus*) ou des ichneumonidés (hyménoptères) s'échappent fréquemment dans la nature à partir de serres.

4

PERTURBATION DE LA BIODIVERSITÉ INDIGÈNE

Enrichissement ou appauvrissement ?

Lorsqu'une espèce non indigène se répand dans un habitat, on peut, de manière simplifiée, enregistrer sa présence en tant qu'espèce additionnelle. Elle contribue à l'augmentation de la biodiversité. De manière générale, on considère celle-ci comme un avantage. Mais on oublie souvent, comme nous l'avons vu au premier chapitre, que la nouvelle espèce n'équivaut pas strictement à une espèce indigène. Additionner simplement des espèces, c'est en fin de compte ajouter des carpes aux lapins.

Nous venons de voir combien les espèces non indigènes et indigènes interagissent entre elles, et les répercussions sont souvent négatives. L'espèce indigène se trouve soumise à des contraintes biologiques inattendues, son utilisation des ressources va se réduire, le nombre des individus diminue en conséquence et finalement elle peut disparaître de sa région. Cette éradication locale peut s'étendre à un territoire relativement vaste. Si l'aire de répartition globale est petite, l'espèce indigène disparaît, mais si en revanche elle est très étendue et que l'espèce invasive reste cantonnée, l'éradication ne sera dans un premier temps que locale.

Y a-t-il des exemples d'espèces invasives qui ont totalement éliminé des espèces indigènes ? Oui, nous connaissons à ce jour beaucoup d'exemples d'animaux ou de plantes dont l'aire de répartition était limitée à de petites îles, et qui après l'introduction d'une espèce invasive furent totalement éradiqués. Reprenons le cas du serpent brun arboricole (*Boiga irregularis*) qui est impressionnant : son importation sur l'île de

Guam (Pacifique) provoqua la disparition de dix espèces d'oiseaux. Comme celles-ci ne se rencontraient que là, elles sont à tout jamais éteintes. Par l'introduction de l'escargot *Euglandina rosea*, plus de 100 espèces endémiques de gastéropodes se sont éteintes sur de nombreuses îles du Pacifique au 20e siècle. Rien que par l'importation du rat noir (*Rattus rattus*), du surmulot (*Rattus norvegicus*) et de la souris domestique (*Mus musculus*), on ne compte à l'échelle mondiale pas moins de 11 éradications de petits mammifères (Harris 2009) et 100 d'espèces d'oiseaux (Atkinson 1985) sur des îles.

Des chats retournés à l'état sauvage sont responsables en Australie de l'extermination de l'amytis de l'Eyre (*Amytornis goyderi*) et du bandicoot rayé (*Perameles fasciata*). Sur l'île Christmas, ils ont anéanti une espèce de musaraigne endémique (*Crocidura fuliginosa trichua*) et sur l'île d'Auckland une espèce de râle (*Rallus muelleri*). Des porcs retournés à l'état sauvage ont exterminé le dodo (*Raphus cucullatus*) des Mascareignes, des renards européens sont responsables de la disparition définitive du wallaby de Grey (*Wallaby greyi*) en Australie. Des mangoustes introduites ont éradiqué le râle de Hawaii (*Pemula sandwichensis*) et le troglodyte de la Martinique (*Troglodytes musculus martinicensis*) (Ziswiler 1965).

Des espèces indigènes ont été éradiquées par des espèces invasives à l'échelle régionale. Si un tel processus persiste, des proportions de plus en plus vastes de l'aire de répartition totale sont touchées. Dans les cas extrêmes, cela conduit à la disparition complète d'une espèce indigène. Rappelons trois exemples que nous avons vus : l'écrevisse à pattes rouges européenne (*Astacus astacus*) en diminution partout, car elle meurt de la peste des écrevisses (*Aphanomyces astaci*), transmise par les écrevisses américaines introduites ; l'écureuil roux européen (*Sciurus vulgaris*) disparu de vastes périmètres en Angleterre, car l'écureuil gris américain invasif (*Sciurus carolinensis*) lui a transmis son virus variolique mortel ; le nématode parasite de la vessie natatoire *Anguillicola crassus* introduit dans notre continent avec l'anguille japonaise (*Anguilla japonica*), ce qui conduit à la mort de sa cousine européenne (*Anguilla anguilla*).

Mais on peut poursuivre avec d'autres cas. La limace espagnole (*Arion vulgaris*, synonyme *Arion lusitanicus*) provoque dans le domaine qu'elle envahit la disparition généralisée de la limace rouge indigène (*Arion rufus*) ; on ne sait cependant s'il s'agit de la transmission d'un parasite, de la compétition pour la nourriture ou de prédation directe. Situation semblable chez de nombreuses espèces invasives de fourmis, qui par compétition pour la nourriture et la prédation ont exterminé localement de nombreuses fourmis indigènes. Les conséquences de l'invasion de la coccinelle asiatique (*Harmonia axyridis*) en Europe ne sont pas prévisibles pour l'instant, mais diverses variétés indigènes de cet animal ont disparu déjà en telle ou telle région. Les poissons rouges (*Carassius auratus*) et la tortue à tempes rouges américaine (*Trachemys scripta elegans*) éliminent localement de nombreux poissons, amphibiens et insectes (Meyer *et al.* 1998, Bringsøe 2006).

Souvent des agents de lutte chimique contre des espèces invasives exercent des effets secondaires sur les espèces indigènes. Les pesticides ne sont pas très sélectifs. Des granulés anti-limaces (molluscides) sont utilisés à grande échelle dans les jardins et dans la zone agricole contre la limace espagnole mais atteignent aussi les gastéropodes indigènes, les vers de terre, les insectivores et le hérisson (Edwards *et al.* 2008). Les insecticides ne tuent pas seulement telle ou telle espèce invasive, mais également de nombreux autres insectes dans la zone d'application ; de même, les herbicides ne font pas de distinction entre espèces végétales indigènes ou non. L'application de pesticides contre des espèces non indigènes conduit donc toujours à une réduction de la biodiversité indigène.

Les modifications, souvent à grande échelle, des écosystèmes, provoquées par les espèces invasives, conduisent donc à une réduction drastique des espèces indigènes, privées de leurs bases d'existence. C'est avant tout dans les écosystèmes aquatiques d'Europe que l'on remarque actuellement les exemples les plus impressionnants. Il n'existe pas de synthèse globale sur cette évolution, mais on peut estimer grossièrement que, jusqu'à présent, à l'échelle mondiale, plusieurs centaines d'espèces ont été exterminées par des espèces invasives (Vié *et al.* 2009). Le nombre d'espèces indigènes éradiquées de cette manière localement et régionalement est encore beaucoup plus élevé. Comme le nombre d'espèces non indigènes augmente constamment et que s'accroît aussi le nombre de celles qui entrent dans une phase invasive, la quantité d'espèces indigènes éliminées de cette manière va augmenter.

Par conséquent, globalement, le nombre d'espèces ne change pas, lorsque des espèces parviennent dans des habitats dans lesquels elles n'existaient pas auparavant. Leur effet négatif restreint en fait la biodiversité et l'élimination des espèces indigènes aboutit, dans ces habitats, à un nivellement. On pourrait parler, dans un habitat donné, d'une perte progressive d'identité dans l'inventaire en espèces. Une expression savante désigne ce phénomène : l'homogénéisation biotique.

Refoulement par compétition

Des néophytes invasives telles que les verges d'or (*Solidago*), l'impatiente glanduleuse (*Impatiens glandulifera*), la berce du Caucase (*Heracleum mantegazzianum*) ou la renouée du Japon (*Fallopia japonica*) tendent à constituer des peuplements de type monoculture et refoulent les espèces indigènes par compétition pour l'espace, la lumière et les nutriments. L'invasion par des plantes aussi dominantes conduit localement à une réduction effective du nombre des plantes indigènes.

Nous avons vu que plusieurs espèces végétales utilisent de surcroît d'autres mécanismes : la verge d'or du Canada (*Solidago canadensis*) freine la croissance d'autres plantes au moyen d'une substance excrétée par les racines (allélopathie, Abhilasha *et al.* 2008) ; autres cas déjà cités : le rhododendron pontique (*Rhododendron ponticum*) et les eucalyptus (*Eucalyptus*). L'espèce nord-américaine du robinier (*Robinia pseudoacacia*) accumule, grâce à des organismes symbiotiques, de l'azote dans le sol et évince de nombreuses espèces indigènes, car celles-ci fuient l'azote sur les sols secs et sablonneux où les robiniers prospèrent.

HOMOGÉNÉISATION

L'influence humaine sur la composition de la faune et de la flore s'exerce essentiellement dans deux directions :

- un appauvrissement par l'éradication d'espèces ;
- une introduction à l'échelle mondiale d'espèces non indigènes conduisant à une augmentation du nombre d'espèces.

Mais les communautés ne deviennent plus riches qu'en apparence. Comme chaque espèce ne peut vivre dans n'importe quel écosystème, il s'ensuit que les espèces peu exigeantes s'imposent en maints endroits et provoquent une pauvreté croissante de l'inventaire des végétaux ou des animaux. On observe là l'homogénéisation des écosystèmes. A long terme, c'est bien une redoutable conséquence de l'importation des plantes et des animaux ou de leur surgissement inopiné.

Une analyse des espèces végétales en Europe montre qu'au cours des dernières décennies y sont arrivées davantage d'espèces non indigènes que l'on n'a enregistré d'extinctions d'espèces propres au continent. Si nous tenons compte, non seulement du nombre d'espèces, mais aussi du degré de parenté des espèces, on constate un double phénomène. D'une part le nombre d'espèces en Europe augmente, mais d'autre part la différentiation entre les régions du continent disparaît et les communautés végétales se ressemblent de plus en plus. Une comparaison des espèces végétales et des vertébrés entre l'Amérique du Nord et l'Europe montre également une ressemblance croissante entre les deux continents (Winter *et al.* 2009a, 2009b).

Des écosystèmes aquatiques autrefois séparés sont actuellement connectés ; la couche d'organismes sur la coque des navires et les eaux de ballast, engendrent un apport permanent d'espèces non indigènes. Tous les grands cours d'eau d'Europe ont dans leur partie navigable presque le même inventaire d'espèces ; de même, des régions marines autrefois séparées montrent une similitude croissante.

En référence aux périodes géologiques, on désigne par le mot « homogocène » l'époque actuelle, au cours de laquelle tout semble se mêler et se confondre. Tel peut être l'effet des espèces invasives. Par analogie avec certaines entreprises multinationales, certains parlent d'une « McDonaldisation » biologique. Mais les phénomènes que nous mettons en évidence dans ces pages, s'ils paraissent pointer dans une direction préoccupante, entraînent des conséquences encore relativement faibles, si bien que pour l'instant il convient de tempérer les généralisations (Winter *et al.* 2009b).

Ce sont avant tout les néozoaires aquatiques qui peuvent se multiplier à un point tel qu'ils remplissent complètement l'espace disponible, repoussant ainsi les espèces indigènes. La compétition spatiale tourne en une concurrence pour la nourriture. La moule zébrée (*Dreissena polymorpha*) en offre un exemple. En tant qu'organisme filtreur, elle refoule des mollusques indigènes, mais également d'autres invertébrés. La situation est comparable chez la palourde asiatique (*Corbicula fluminea*), qui dans le Rhin près de Bâle, atteint des densités de 10000 individus par mètre carré, ce qui correspond à un poids vif de 35 kilos par mètre carré.

D'autres exemples de compétition pour la nourriture existent pour de nombreuses espèces de poissons non indigènes. Le saumon de fontaine nord-américain (*Salvelinus fontinalis*) et la truite arc-en-ciel (*Oncorhynchus mykiss*), souvent relâchés en grand nombre, s'emparent de la nourriture de la truite de rivière indigène (*Salmo trutta fario*). La situation est semblable chez le pseudo-rasbora asiatique (*Pseudorasbora parva*), qui peut être aisément importé passivement lors du rempoissonnement des cours d'eau. Ce poisson d'une taille maximale de neuf centimètres représente une concurrence importante pour les alevins d'autres espèces, d'autant plus qu'il peut se reproduire trois fois par an.

Une compétition déterminante pour la survie peut également apparaître pour certaines ressources spécifiques. Des espèces invasives cavernicoles telles que le canard mandarin asiatique (*Aix galericulata*) et le tadorne casarca d'Asie centrale (*Tadorna ferruginea*) refoulent les espèces cavernicoles indigènes en occupant par exemple les nichoirs de la chouette effraie (*Tyto alba*), du faucon crécerelle (*Falco tinnunculus*) et du hibou moyen-duc (*Strix aluco*), de telle sorte que leur reproduction est réduite (Kestenholz *et al.* 2005). Les perruches à collier (*Psittacula krameri*) entrent en compétition avec les espèces cavernicoles indigènes, les repoussent en cas de pénurie de cavités et les espèces indigènes se raréfient (Strubbe et Matthysen 2009).

Prédateurs

Des prédateurs invasifs peuvent bouleverser la biodiversité indigène : ils réduisent par exemple fortement le nombre d'individus d'une espèce-proie. Parfois des animaux apparentés sont également attaqués, si bien que la prédation et la compétition s'entremêlent. Dans des systèmes clos ou limités spatialement, certaines espèces-proies s'en trouvent éradiquées. Dans de nombreux cas, les prédateurs ne vont pas exterminer leurs proies, mais uniquement réduire leur effectif, ce qui rend difficile la mise en évidence de leur activité destructrice sur tel ou tel groupe, surtout s'ils sont polyphages et que l'effet négatif est réparti sur plusieurs espèces-proies.

La situation est particulièrement grave avec la fourmi argentine (*Linepithema humile*), qui en peu de temps fut disséminée de manière non intentionnelle par l'homme à l'échelle mondiale. Elle se nourrit de proies, mange des cadavres et utilise des sources de nectar ; cela signifie que les fourmis indigènes, ainsi que les pollinisateurs, sont privés de leur source de nourriture. De plus, la fourmi argentine agit directement comme prédateur face à d'autres espèces de fourmis, dont les colonies rapetissent et meurent finalement. Le fait est que la diversité des espèces de fourmis indigènes diminue (Human et Gordon 1995).

L'effet de prédation directe est plus grand que prévu chez la coccinelle d'Asie (*Harmonia axyridis*), introduite à l'origine de Chine en Amérique du Nord et en Europe, pour lutter contre les pucerons. Cette coccinelle particulièrement vorace se dissémine en Europe à partir des années 1990. Elle ne mange par seulement les pucerons, mais d'autres insectes à tégument mou, en particulier des compétiteurs pour la nourriture, comme les larves de syrphes et de chrysopes. Avant tout, elle mange des œufs et des coccinelles indigènes au stade juvénile, de telle sorte que l'espèce européenne devient plus rare aussitôt que survient *Harmonia axyridis*. Comme cette invasion en Europe n'a débuté qu'il y a peu d'années, il est difficile de prévoir ce que va devenir la communauté des coccinelles dans quelques années. Sans doute en certaines régions de nombreuses espèces indigènes se raréfieront ou disparaîtront (Brown *et al.* 2008).

Les lacs et cours d'eau peuvent être vus comme habitats fermés ou limités spatialement, dans lesquels des prédateurs invasifs peuvent avoir des effets catastrophiques. La crevette tueuse ou gammare du Danube (*Dikerogammarus villosus*) a passé en 1992 de la mer Noire dans les systèmes fluviaux du Danube et du Rhin, où elle s'est révélée en compétition très efficace pour la nourriture avec des gammares indigènes (*Gammarus*) (Dick et Platvoet 2000). Actuellement, la biodiversité diminue partout où cette espèce devient abondante. Une situation comparable s'observe pour les poissons rouges (*Carassius auratus*) et d'autres espèces de poissons d'ailleurs, ainsi que pour les tortues aquatiques importées telles que les tortues à tempes rouges (*Trachemys scripta elegans*). En tant que prédateurs polyphages, ces animaux exercent une forte pression de consommation sur l'ensemble de leur habitat (Meyer *et al.* 1998, Bringsøe 2006).

Chez des prédateurs non spécialisés, nous pouvons reprendre le cas du chien viverrin (*Nyctereutes procyonoides*) et du raton-laveur (*Procyon lotor*) mais la situation, dans de nombreux habitats terrestres, est difficile à évaluer. Ils se nourrissent de petits mammifères, d'oiseaux, d'amphibiens, de poissons, d'escargots, de vers et d'autres invertébrés, ainsi que de végétaux. On pensait à l'origine que ces omnivores n'avaient qu'un faible effet sur la densité de population de leurs proies. Il a fallu réviser ce jugement, lorsqu'on constata une diminution des passereaux et une baisse de leur reproduction dans des régions occupées par les chiens viverrins (Kauhala 1996). La densité de population des amphibiens diminua également. Ces derniers souffrent aussi actuellement à l'échelle mondiale d'une maladie fongique invasive et mortelle (chytridiomycose). Cette pression supplémentaire pourrait conduire à des extinctions locales. La situation est semblable chez les rares populations de cistudes européennes (*Emys orbicularis*) qui ont survécu jusqu'à ce jour, mais dont les œufs sont dévorés de manière ciblée par les ratons-laveurs (Galois 1996).

Agents pathogènes et parasites

Faut-il parler de guerre biologique? On se trouve face à des actions particulièrement perfides lorsque des espèces non indigènes, infestées par des agents pathogènes ou des parasites hautement spécifiques, les passent à des espèces indigènes apparentées. Les premières sont immunisées, les secondes succombent.

Le wapiti (*Cervus canadensis*) et le cerf de Virginie (*Odocoileus virginianus*) nord-américains ont été introduits à plusieurs reprises en Europe au cours du 19e siècle, mais ne purent constituer de populations sauvages viables à long terme. Mais ils ont laissé derrière eux un de leurs parasites, la grande douve du foie américaine (*Fascioloides magna*), qui à présent parasite le chevreuil (*Capreolus capreolus*) et le cerf (*Cervus elaphus*) indigènes (Ursprung *et al.* 2006).

Hybridation

Lorsqu'une espèce invasive est apparentée à une espèce indigène, une copulation interspécifique peut conduire à une progéniture commune. Une telle hybridation est normalement évitée par des barrières spatiales, temporelles, comportementales ou autres lors de la genèse d'une espèce. Cette séparation était suffisamment importante pour que deux espèces puissent se développer à partir d'une forme de départ ancestrale. Quand la séparation des espèces n'est pas assez marquée ou que les barrières sont contournées par des activités humaines, les deux espèces peuvent à nouveau se mélanger. En règle générale, les hybrides sont stériles et cela veut dire que génétiquement de tels événements restent sans conséquences, mais l'investissement des organismes parentaux fut donc inutile. Si en revanche les hybrides sont fertiles, une population mixte se constitue, qui, suivant la situation, sera génétiquement plus proche soit de l'espèce venue d'ailleurs soit de l'espèce indigène. Selon les cas, l'une des deux peut se fondre à long terme dans l'autre. L'hybridation entre deux espèces risque donc, en fait, de conduire à la disparition d'une espèce, avant tout chez les animaux (Rhymer et Simberloff 1996).

Un exemple connu concerne le chat sauvage européen (*Felis silvestris silvestris*), qui dans de nombreuses régions s'hybride avec le chat domestique (*F.s.catus*) et perd son identité en tant qu'espèce (ou sous-espèce, suivant le point de vue systématique; Hertwig *et al.* 2009). Les nombreux visons américains (*Neovison vison*) relâchés par des fermes à fourrure européennes s'accouplent en fait avec les femelles de visons européens (*Mustela lutreola*), mais les embryons meurent en cours de maturation. Ajoutée à la pollution des eaux et à la correction des rivières en Europe, cette inhibition reproductive par l'espèce invasive a eu pour effet l'extinction du vison dans la plupart des régions où on l'observait (Maran et Henttonen 1995). Le cerf Sika asiatique (*Cervus nippon*) s'hybride dans de nombreuses régions d'Europe avec le cerf européen (*C. elaphus*), ce qui entraîne dans plusieurs cas la perte de l'identité génétique de l'espèce européenne concernée.

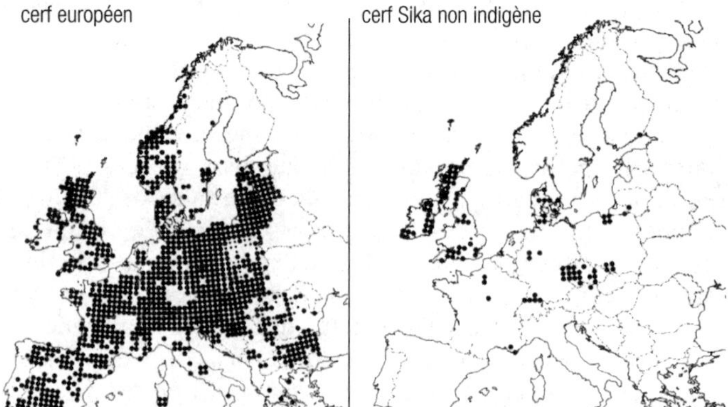

Répartition géographique du cerf en Europe. A gauche : cerf européen (*Cervus elaphus*). A droite, cerf Sika non indigène (*Cervus nippon*). Les deux espèces s'hybrident en Europe.

Source : modifié d'après Mitchell-Jones *et al.* (1999).

L'érismature rousse (*Oxyura jamaicensis*), originaire des Caraïbes fut introduite en Europe en 1948 comme oiseau d'ornement. En 1953 déjà, les premiers individus s'échappèrent de volières en Angleterre, se dispersèrent sur le continent européen et s'hybridèrent avec l'érismature à tête blanche européenne (*O. leucocephala*), espèce apparentée. Finalement, plusieurs milliers d'érismatures rousses se trouvèrent face à la population résiduelle en régression de l'érismature à tête blanche. Cette dernière a été absorbée par hybridation par la population invasive. La seule possibilité de sauver l'espèce européenne serait l'éradication de l'espèce invasive et des hybrides. C'est exactement ce qui fut décidé par un accord international et l'opération est mise en pratique depuis quelques années. Pour l'instant, cependant, on ne peut pas encore en prévoir le résultat (Kestenholz *et al.* 2005).

Echappée de captivité à l'origine, l'ouette d'Egypte (*Alopochen aegyptiacus*) s'est disséminée au cours du 20e siècle d'abord lentement en Angleterre, mais de façon explosive à partir des années 1970 en Europe centrale. Elle forme des hybrides avec une série d'autres canards, entre autres le colvert (*Anas platyrhynchos*). Cette dernière espèce fut de son côté introduite un peu partout dans le monde et s'hybride par exemple en Australie avec le canard à sourcils (*A. superciliosa*) et aux Philippines avec le canard des Philippines (*A. luzonica*). Entre-temps, ces deux espèces ont disparu en tant que telles dans certaines régions et sont considérées globalement comme menacées.

Les poissons appartiennent aux groupes de vertébrés qui s'hybrident le plus fréquemment, probablement à cause de leur fécondation externe. De ce fait, il y a régulièrement hybridation entre le genre nord-américain *Oncorhynchus*, auquel appartient la truite arc-en-ciel (*O. mykiss*), introduite partout dans le monde, et le genre européen *Salmo*, auquel appartient la truite de rivière européenne (*S. trutta*). Dans beaucoup de cours d'eau de notre continent, les populations originelles de la truite de rivière indigène ont été remplacées par des populations plus ou moins hybridées (Utter 2000). De même, le carassin commun

(*Carassius carassius*) a été remplacé dans de nombreux cours d'eau par des populations hybrides, résultant de l'introduction de poissons rouges chinois (*C. auratus*) (Hänfling *et al.* 2005).

Chez les plantes, l'hybridation est largement répandue et peut conduire facilement à la formation d'une nouvelle espèce. De tels hybrides entre espèces indigènes et non indigènes, mais aussi entre deux espèces non indigènes, peuvent présenter de nouvelles combinaisons qui les rendent particulièrement compétitives et permettent une expansion plus rapide. Ainsi, à partir des deux espèces de renouées arbustives *Fallopia sachalinensis* et *F. japonica*, est apparu en Europe l'hybride *Fallopia* x *bohemica*, particulièrement résistant à toute forme de lutte.

La spartine à feuilles alternes nord-américaine (*Spartina alterniflora*) fut importée passivement au sud de l'Angleterre en 1816 et s'hybrida avec l'espèce indigène (*Spartina maritima*). L'hybride *Spartina* x *townsendii* en résulta, répertorié pour la première fois en 1870. A partir d'elle se développa *Spartina anglica* par duplication chromosomique, espèce complètement nouvelle, découverte pour la première fois en 1892. En fait, les spartines avaient été plantées de longue date pour consolider les côtes marines, mais cette plante se propage de manière si agressive qu'elle se rencontre actuellement sur toutes les côtes de la mer du Nord. Elle repousse des associations végétales indigènes, telles que les prairies à salicornes ou les prés salés à puccinellies et envahit les côtes à fond vaseux. Ainsi, des habitats de valeur, utilisés pour la recherche de nourriture, sont perdus pour de nombreuses espèces d'oiseaux.

Restructuration d'un écosystème

La réduction de la biodiversité indigène par des espèces invasives entraîne des répercussions directes sur l'état et les fonctions d'un écosystème donné. L'envahisseur peut par exemple servir de source de nourriture pour une espèce du lieu, ce qui peut changer les relations dans les chaînes alimentaires, mais aussi manger des espèces indigènes en surnombre, si bien que celles-ci deviennent rares et d'autres prennent leur place.

Des plantes indigènes peuvent se raréfier par la surconsommation des herbivores invasifs et de ce fait on verra s'étendre des espèces végétales non comestibles, au grand dam des animaux.

Partout où la moule zébrée (*Dreissena polymorpha*) fut importée et constitua des peuplements denses, ceux-ci devinrent une source de nourriture principale pour diverses espèces de canards, dont les effectifs se sont multipliés de manière spectaculaire. La *Dreissena* ne fut pas éliminée pour autant. Les canards et autres oiseaux liés au milieu aquatique dans un habitat peuplé de moules zébrées jouent un rôle fonctionnel plus important qu'auparavant. La moule zébrée de son côté filtre les particules en suspension et le plancton de l'eau, ce qui conduit, grâce à la densité de moule élevée et à leur système de filtration efficace, à un effet d'épuration significatif. On peut aussi comprendre ce processus comme une forte pression sélective qu'exerce la moule zébrée sur toutes les espèces du phytoplancton. Son effet, c'est que seules survivent les algues non comestibles pour la moule zébrée ou ne pouvant pas être prélevées, telles les algues bleues (cyanobactéries). Or c'est là un développement préoccupant, car de nombreuses algues bleues produisent des substances toxiques qu'elles rejettent dans l'eau (Knoll *et al.* 2008).

Dans les écosystèmes aquatiques, les gammares prédateurs tels les amphipodes *Dikerogammarus villosus*, originaires de la mer Noire, ou le *Gammarus tigrinus* nord-américain ont un effet très néfaste sur la biodiversité indigène (Dick et Platvoet 2000). Les espèces invasives sont des prédateurs des *Gammarus* indigènes et probablement aussi d'œufs de gastéropodes, qui deviennent rares tous les deux. On voit diminuer dès lors l'impact des gastéropodes herbivores et la décomposition de la biomasse morte dont se nourrissaient les gammares consommateurs de détritus.

Dans le milieu marin, on admet qu'il existe une relation entre l'augmentation, depuis des décennies, du nombre des méduses et des cténophores invasifs et, d'autre part, l'eutrophisation croissante des océans et l'accroissement, de source humaine, de la température des couches aquatiques supérieures. Par la surpêche dans les océans du monde entier, de nombreuses espèces de poissons, en tant qu'éléments importants de la chaîne alimentaire, deviennent plus rares, et les méduses peuvent les remplacer et se multiplient de manière explosive. Des chercheurs, tels que Richardson et d'autres (2009), nous mettent de ce fait en garde contre un bouleversement profond des équilibres biologiques marins.

Les prédateurs invasifs ont pareillement des effets négatifs dans les écosystèmes terrestres. Le ver plat (*Arthurdendyus triangulata*), originaire de Nouvelle-Zélande, introduit en Angleterre, friand de vers de terre, raréfie la présence de ces derniers et réduit leur précieuse fonction de transporteurs de nutriments et de producteurs d'humus (Cannon *et al.* 1999).

Le surpâturage par des espèces invasives conduit à une destruction massive de la végétation ce qui renforce l'érosion. En même temps, certaines plantes qu'aucune bête ne mange peuvent se multiplier agressivement et deviennent les mauvaises herbes des pâturages. Ce sont avant tout les animaux domestiques retournés à l'état sauvage, tels les chèvres, mais également les ânes, les chameaux et les chevaux, qui, en certaines régions, altèrent ou anéantissent la structure végétale et nuisent aux herbivores indigènes.

Si des espèces non indigènes sont dominantes, elles font reculer la végétation indigène et elles ébranlent l'écosystème, ce qui fut décrit dans les pages précédentes pour la spartine (*Spartina anglica*). De manière semblable, nous avons vu que la rose japonaise (*Rosa rugosa*) repousse la végétation indigène des dunes, sur les côtes marines du Nord-Ouest de l'Europe (Isermann 2008).

Les lianes, qui se mettent à croître à l'intérieur des forêts européennes et recouvrent la végétation d'une sorte de couverture épaisse la faisant finalement mourir, ont un effet pareil. Le kudzu ou puéraire (*Pueraria lobata*) d'Asie de l'Est est l'une de ces plantes, importée dans de nombreux pays tropicaux et subtropicaux mais qui a également pris pied dans l'espace méditerranéen. En Europe, le chèvrefeuille du Japon (*Lonicera japonica*), la renouée grimpante *Fallopia baldschuanica*

(=*F. aubertii*) et la vigne vierge du genre *Parthenocissus* produisent en certains lieux ces effets d'étouffement.

Des plantes invasives fixant l'azote enrichissent des sols naturellement pauvres en cet élément, de telle sorte qu'une végétation luxuriante et exotique peut s'y établir. Cela modifie complètement l'habitat. Un exemple à ce sujet est le lupin à plusieurs feuilles nord-américain (*Lupinus polyphyllus*), qui s'introduit depuis près de 100 ans dans les associations végétales de prairies ou de pâturages montagnards secs, tels que les pelouses à nards (*Nardus stricta*) ou les prairies à avoine dorée (*Trisetum flavescens*), favorisant l'apparition d'espèces nitrophiles. Toute une série d'espèces caractéristiques, menacées et dignes de protection des prairies de montagnes, sont évincées. C'est ainsi toute une communauté végétale qui change nettement d'identité. La dissémination du robinier (*Robinia pseudoacacia*) partout en Europe en offre un autre exemple; il était planté autrefois de manière ciblée sur des sols pauvres en nutriments et sableux. L'eutrophisation des sols conduit, après deux ans déjà, donc à une vitesse surprenante, à une diminution de moitié de la flore du lieu et probablement aussi à une réduction du nombre d'espèces d'arthropodes (Kowarik 2003).

De nombreuses plantes invasives modifient d'autres propriétés importantes du sol, par exemple la teneur en eau ou en sels minéraux. Les espèces eurasiatiques de tamaris (*Tamarix*), qui ont été plantées par millions aux Etats-Unis comme protection contre l'érosion, accumulent des sels dans le sol et augmentent les dangers d'incendies dans la zone, si bien que les espèces indigènes sont évincées sur de vastes surfaces. Des effets semblables se remarquent avec différentes espèces d'eucalyptus (*Eucalyptus*) et de pins (*Pinus*), plantées sur de grandes surfaces, puis retournées à l'état sauvage. Des paysages entiers s'en trouvent modifiés. Ces plantes invasives repoussent la végétation indigène, abaissent le niveau de la nappe phréatique et accroissent par leur litière difficilement dégradable les dangers d'incendies.

5
DÉGÂTS ÉCONOMIQUES

Pour l'agriculture, nuisances et désastres

L'agriculture est l'un des premiers secteurs économiques à subir, dans son domaine, avec des dégâts considérables, la présence de micro-organismes, d'insectes et d'autres animaux invasifs sans parler des mauvaises herbes. On enregistre ces nuisances après la mise en culture, mais également lors du transport ou de l'entreposage des produits. Les stocks sont attaqués par des ravageurs, aujourd'hui largement répandus, mais en réalité souvent venus d'ailleurs et disséminés au cours des derniers siècles ou même des dernières décennies à l'échelle mondiale.

Rappelons les trois ravageurs classiques, qui ont déjà causé d'importants dégâts en Europe, le mildiou, le doryphore et le phylloxéra. Nous avons vu que le mildiou de la pomme de terre est transmis par un champignon (*Phytophtora infestans*), arrivé en Europe vers 1840, venant d'Amérique du Nord. Dans les années qui suivirent, cette maladie détruisit pendant de nombreuses années la presque totalité de la production de pommes de terre de l'Irlande, ce qui déclencha une famine historique. La population, très nombreuse, vivait de ce produit. Près d'un million de personnes succombèrent, près de deux millions émigrèrent, surtout en Amérique du Nord. De nos jours, les pommes de terre sont traitées régulièrement contre cette maladie fongique et d'autres. Le doryphore nord-américain (*Leptinotarsa decemlineata*) se répandit dès 1920 à partir de la France à toute l'Europe et plus récemment par la Sibérie jusqu'au nord de la Chine. Il causa des dégâts qui dans notre continent purent représenter jusqu'à la moitié de la récolte. Autrefois, les ravageurs

Insectes ravageurs non indigènes dans l'agriculture selon la date de leur introduction en Europe.

Introduction en Europe	Nom commun espèce	Origine	Domaine de la nuisance
fin du 18e siècle	puceron lanigère (*Eriosoma lanigerum*)	Amérique du Nord	arboriculture fruitière (pomme)
début du 19e siècle	thrips des serres (*Heliothrips haemorrhoidalis*)	Amérique centrale et du Sud	cultures maraîchères et de plantes ornementales
1863	phylloxéra de la vigne (*Viteus vitifoliae*)	Amérique du Nord	viticulture
1877	doryphore (*Leptinotarsa decemlineata*)	Amérique du Nord	culture de la pomme de terre
1928	pou de San José (*Quadraspidiotus perniciosus*)	Asie centrale	arboriculture fruitière
1940	écaille fileuse (*Hyphantria cunea*)	Amérique du Nord	arboriculture fruitière
1950	cicadelle de la vigne (*Scaphoideus titanus*)	Amérique du Nord	viticulture
1970	cicadelle blanche (*Metcalfa pruinosa*)	Amérique du Nord	arboriculture fruitière, viticulture, soja
1980	mouche mineuse de la pomme de terre (*Liriomyza huidobrensis*)	Amérique centrale	cultures maraîchères
1980	thrips des petits fruits (*Frankliniella occidentalis*)	Amérique du Nord	cultures maraîchères et de plantes ornementales
1992	chrysomèle des racines du maïs (*Diabrotica virgifera*)	Amérique du Nord	culture du maïs

Source : complété d'après Kowarik (2000) et Wittenberg (2005).

étaient récoltés dans les champs de pomme de terre, sous les feuilles, à grand renfort de classes d'écoliers, mais de nos jours on applique des insecticides. Pour le phylloxéra de la vigne nord-américain (*Viteus vitifoliae*), nous avons vu qu'il a été le plus important ravageur de la viticulture européenne, détruite à grande échelle dans la seconde moitié du 19e siècle et au début du 20e siècle. Les coûts économiques et sociaux furent considérables. Actuellement, les cépages européens sont donc greffés sur des porte-greffes nord-américains résistants.

Il est utile de reprendre ces trois exemples pour montrer que les dévastations de la production agricole se répercutent à d'autres niveaux : tout d'abord il y a les pertes directes par diminution ou absence de récolte, mais la lutte contre cette menace entraîne les coûts liés aux fongicides, insecticides et herbicides. Or ceux-ci, par manque de spécificité, causent des effets secondaires sur d'autres espèces non nuisibles. Les ravageurs doivent être recensés, identifiés et étudiés et il faut rassembler, financer et tester des moyens de lutte. Il arrive aussi que certaines variétés ne puissent plus être cultivées à cause d'une trop grande sensibilité aux ravageurs. C'est là un autre type de perte. L'exemple de l'Irlande a enfin montré que des récoltes catastrophiques peuvent affecter la santé des humains au point de causer des milliers de morts sans mentionner les coûts socio-économiques des faillites ou de l'émigration. On dépasse là les coûts quantifiables.

Les animaux ravageurs jouent un rôle important dans toutes les civilisations agraires. Si en Europe bien des ravageurs sont venus d'ailleurs, à l'inverse de nombreuses espèces nuisibles européennes se sont disséminées sur la planète. Aujourd'hui toutes les espèces qui menacent l'agriculture se rencontrent partout où se trouve la plante cible. Au cours des dernières décennies, s'est ajoutée en Europe, avant tout dans les cultures en serres dont l'importance va croissant, une série de nouveaux organismes nuisibles d'outre-mer. Citons parmi eux les thrips (*Thysanoptera*), les cochenilles et cochenilles farineuses (*Coccidae* et *Pseudococcidae*), les aleurodes ou mouches blanches (*Aleurodidae*) et les acariens tétranyques (*Tetranychidae*). En viticulture, la cicadelle de la vigne d'Amérique (*Scaphoideus titanus*) se répand depuis les années 1950. Importée à l'origine en France, elle se rencontre actuellement dans les pays viticoles les plus importants du continent. Elle transmet une jaunisse de la vigne (flavescence dorée), provoquée par des bactéries.

Le feu bactérien est également déclenché par une bactérie (*Erwinia amylovora*), qui fut introduite de manière passive d'Amérique du Nord en Angleterre en 1957 et s'est depuis répandue en Europe. Le feu bactérien attaque avant tout les fruits à pépins et entraîne la mort des arbres. Il a atteint la Suisse dans les années 1980, causant 20 millions d'euros de dégâts. En 2008, l'utilisation de la streptomycine, un antibiotique, fut autorisée pour la première fois et un tiers des exploitations arboricoles fut traité. Ce traitement permit l'année suivante de réduire nettement les taux d'atteinte. L'application d'antibiotiques ne constitue cependant pas une solution durable à cause des réactions de résistance auxquelles il faut s'attendre. Autre inconvénient : on en retrouve les résidus dans le miel.

Depuis 1992, la chrysomèle des racines du maïs (*Diabrotica virgifera*) se répand de plus en plus en Europe. Sans contre-mesures, telles que l'application d'un insecticide ou la culture de maïs transgénique, ce coléoptère invasif peut conduire en peu de temps à une perte totale. Cette chrysomèle aura vraisemblablement atteint toutes les zones de culture du maïs d'Europe dans les vingt prochaines années. Sur le plan mondial, elle attaque annuellement 20 millions d'hectares, dont les trois quarts aux Etats-Unis. Les coûts de traitement par insecticides et les pertes de récolte se chiffrent annuellement à près d'un milliard de dollars US, ce qui a valu au coléoptère un surnom : *the billion dollar bug*. La pyrale du maïs (*Ostrinia nubilalis*), autre ravageur de la même plante et tout aussi craint, fut importée en Amérique du Nord à partir de l'Europe, il y a environ 100 ans. Là, il continue à se répandre et il est appelé *European corn borer*. D'après des estimations de la FAO, les dégâts annuels dus à la pyrale du maïs s'élèvent à environ 4% de la récolte totale, ce qui correspond aux besoins alimentaires de 60 millions de personnes.

Rappelons que le lapin de garenne (*Oryctolagus cuniculus*) originaire de la péninsule ibérique a été disséminé partout dans le monde et cause des dégâts. Le coût annuel pour l'agriculture australienne est de 261 millions d'euros.

Une espèce invasive sud-américaine de gastéropode d'eau douce (*Pomacea canaliculatus*) provoque dans les rizières des Philippines une perte de récolte de riz équivalant à 187 millions d'euros (McNeely 2001).

Les ravageurs des denrées alimentaires stockées comprennent plus de 1000 espèces, qui chaque année détruisent environ 20% des récoltes mondiales de denrées alimentaires. Ces pertes sont causées à raison de 80% par des insectes, de 10% par d'autres animaux et de 10% par des maladies fongiques. La perte occasionnée par les insectes représente 370 millions de tonnes de céréales par an, qui suffiraient à nourrir plus d'un milliard d'êtres humains. A titre de comparaison, la population mondiale est actuellement de 7 milliards, dont 800 millions sont fortement sous-alimentés et 30 à 40 millions de personnes meurent chaque année des suites directes de la famine (Nentwig 2005).

Attaques sur la production animale

Les agents pathogènes et les parasites de la plupart des animaux domestiques ont, comme pour les plantes cultivées, été disséminés partout dans le monde. De plus, de nouveaux agents pathogènes et parasites arrivent régulièrement en Europe. Ceux-ci requièrent à leur tour des efforts et des frais considérables, pour la recherche, la lutte et de la gestion, pas toujours couronnés de succès.

Exemple actuel d'importation d'un nouvel agent pathogène : la fièvre catarrhale ou maladie de la langue bleue des bœufs, moutons et chèvres, provoquée par un virus du genre *Orbivirus*. Celui-ci est transmis par des moucherons d'un genre riche en espèces : les *Culicoides* (cératopogonidés), qui existent dans la nature en Europe. La maladie de caractère épidémique produit les effets les plus forts chez le mouton, mais entraine aussi des dégâts économiques importants en attaquant les bovins. La maladie elle-même est originaire d'Afrique du Sud et elle a été disséminée en Asie du Sud-Est, en Australie et en Amérique. Avant 1998, elle n'apparut que de manière sporadique dans la région méditerranéenne. Alors que les premiers signes apparaissent en Italie et en Corse en 2000, la France métropolitaine, puis la Suisse, ont été touchées dès 2006. En 2008, une vaccination généralisée des bovins, moutons et chèvres a été ordonnée pour l'ensemble de l'Union européenne.

LES ESPÈCES INVASIVES ONT-ELLES DES ASPECTS POSITIFS ?

Souvent, lorsque des néobiotes (le nom qu'on donne aux plantes et aux animaux invasifs) furent introduits de manière ciblée, les raisons étaient économiques. Pour les espèces-gibier, il va de soi qu'on escomptait en tirer profit ou plaisir par la chasse. Le commerce des peaux est rémunérateur, mais dans des fermes à fourrure, certains animaux de l'élevage furent parfois relâchés pour abaisser les frais d'entretien. Dans les pêcheries professionnelles, les préoccupations économiques sont prédominantes et en pêche sportive ou de loisirs c'est la qualité du divertissement qui compte. Dans les deux cas, on a vu croître en parallèle une florissante activité économique d'appoint. Il en va de même pour le commerce des animaux de compagnie et de plantes de jardin : l'acheteur n'est généralement pas à la recherche de rendements financiers, mais il se trouve englobé dans un réseau grandissant d'entreprises qui se chargent de l'approvisionnement, de l'élevage, du commerce et de la production des animaux ou des plantes, de leur nourriture, des outils et du matériel, etc.

A propos de l'introduction non intentionnelle d'espèces non indigènes, on argumente parfois en termes d'utilité. Ainsi, la moule zébrée (*Dreissena polymorpha*), à haute densité, purifie l'eau fortement polluée. Beaucoup d'espèces non indigènes sont devenues la nourriture de la faune du pays, et bien des plantes à fleurs invasives, comme le buddleia ou arbre à papillons (*Buddleja davidii*) sont ardemment visités par des insectes indigènes.

Sans doute ! Mais il faut se garder de passer sous silence, dans l'évaluation globale qui s'impose, par exemple toutes les espèces indigènes que la moule zébrée évince. Le buddleia n'offre pas de nourriture aux chenilles de papillons indigènes et il a accru sa menace sur eux en éliminant les autres plantes de son aire.

Certains se félicitent des investissements consentis pour combattre une espèce invasive car ils contribuent paradoxalement à « un accroissement du produit social brut », phénomène économique peu clair.

Quelques rares aspects positifs ne doivent pas masquer le bilan global des espèces invasives. Il est clairement négatif. Economiquement, seul un nombre restreint de personnes ou d'entreprises en profitent. Face à ces gains commerciaux, on note pratiquement toujours des dégâts socio-économiques infligés à l'ensemble d'une communauté et ceux-ci ne sont pris en charge par personne.

Les parasites nouvellement introduits dans les piscicultures européennes, tels que le nématode de la vessie natatoire (*Anguillicola crassus*) ne menacent pas seulement les populations sauvages indigènes, mais augmentent les frais d'élevage des anguilles, car les poissons atteints meurent. Actuellement, les élevages d'huîtres sur les côtes européennes orientent surtout leur production vers des espèces non indigènes comme l'huître japonaise (*Crassostrea gigas*), mais ils sont menacés par des agents pathogènes et des parasites non indigènes. Plusieurs d'entre-eux furent déjà introduits passivement avec les huîtres, à cause de mesures de quarantaine insuffisantes ; mais le plus souvent ils s'introduisent ultérieurement accrochés aux coques des bateaux ou dans les eaux de ballast. Parvenant ainsi aux bancs d'huîtres, ils s'y multiplient de manière explosive. Parmi les maladies redoutées par les éleveurs d'huîtres, signalons les algues produisant des toxines, ainsi que des bactéries et des virus.

Dans les pêcheries marines, un exemple frappant des menaces qu'elles affrontent est fourni par le cténophore nord-américain *Mnemiopsis leidyi*, invertébré d'une taille d'environ dix centimètres, qui, après son introduction passive dans la mer Noire en 1982, s'est disséminé massivement, atteignant après sept ans déjà sa densité de population maximale de 240 individus par mètre cube d'eau. Ces ravageurs dévorent le zooplancton, les œufs de poissons et les petits poissons. De ce fait, les peuplements de poissons déjà fortement menacés par la surpêche se trouvent privés de leur nourriture et leur multiplication est limitée par cette prédation directe. Le produit de la pêche, en mer Noire, s'abaissa jusqu'à un dixième des captures normales. En 1999, *Mnemiopsis leidyi* passa à la mer Caspienne, où l'on observa de nouveau sa multiplication désastreuse et l'effondrement de l'industrie de la pêche. En 2006, ce cténophore invasif fut mis en évidence dans la mer Baltique, qui semble cependant jusqu'à ce jour avoir échappé à des pullulations dramatiques, à cause de ses températures plus basses. L'introduction par hasard en mer Noire, en 1997, d'un cténophore prédateur d'autres cténophores, le *Beroë ovata*, conduisit à une réduction de la densité de *Mnemiopsis leidyi* et le même phénomène est intervenu dans la mer Caspienne.

Alertes chez les apiculteurs

Les apiculteurs font régulièrement le commerce de reines et de colonies d'abeilles (*Apis mellifera*) et parcourent de grandes distances en les transportant. Ces deux activités favorisent l'introduction et la dissémination d'agents pathogènes et de parasites invasifs, rendant une pratique «normale» de l'apiculture de plus en plus difficile. Au début du 19e siècle, l'acarien parasite des trachées *Acarapis woodi*, aux effets mortels, se répandit en Europe. Nous avons vu plus haut que, dans les années 1960, l'acarien parasite *Varroa destructor*, qui à l'origine parasitait l'abeille asiatique *Apis cerana*, fut introduit de l'Extrême Orient en Europe, passant par l'Union soviétique d'alors et se répandit ensuite mondialement. L'abeille européenne *Apis mellifera* réagit de manière très sensible à *Varroa* et des colonies fortement infestées meurent. En plus de la nosématose, maladie fongique mortelle, elle aussi à distribution mondiale, causée par le zygomycète *Nosema apis*, l'espèce asiatique *Nosema ceranae* se répand à son tour en Europe depuis quelques années. Le petit coléoptère des ruches (*Aethina tumida*), venu du sud de l'Afrique, peut anéantir une colonie en l'espace d'une année. Depuis 1996, il se répand en Amérique du Nord et occasionne des dégâts à grande échelle; en 2000, il apparut en Egypte et en 2002 en Australie. Un foyer d'infestation fut découvert au Portugal en 2004 et a pu être éliminé à temps. Mais la liste de maladies et parasites que nous avons donnée ici, est dominée par *Varroa destructor*, préoccupation centrale dans le syndrome des problèmes actuels de l'apiculture. Cet acarien parasite est responsable, directement et indirectement, de 90% des dégâts économiques dans ce secteur aux Etats-Unis, en Chine et en Europe, estimés à 400 millions d'euros au moins par année. Si on ajoute les pertes dues à des pollinisations ratées, à cause de l'absence des abeilles ou de leur manque de vigueur, il convient de tripler les coûts causés par des ravageurs (Peter Neumann, communication personnelle).

Les animaux de compagnie et les tiques

Une source potentielle de dangers et nuisances, ce sont les animaux de compagnie, avant tout les chiens et les chats rapportés illégalement de régions lointaines en Europe. Très souvent, ils sont infestés par diverses maladies et parasites qui peuvent s'établir ici. Les risques comprennent les frais de traitement des animaux malades, la mort éventuelle de l'animal, mais aussi, pour quelques agents pathogènes, le passage sur d'autres hôtes, entre autres l'espèce humaine, ainsi que les coûts qui résultent des soins.

Les tiques présentent un intérêt particulier, car elles peuvent héberger un grand nombre de maladies et de parasites. La tique du chien (*Rhipicephalus sanguineus*) fut disséminée d'Afrique dans la région méditerranéenne et jusqu'ailleurs en Europe, entraînant la propagation de l'hépatozoonose canine, maladie incurable. Des agents pathogènes ont également été introduits par des animaux infestés et disséminés par des moustiques. C'est ainsi par exemple que le ver cardiaque du chien (*Dirofilaria immitis*), nématode parasite du cœur de chien, est parvenu sur notre continent.

Maladies non indigènes transmises et propagées par les tiques en Europe.

Espèce de tique	Maladie	Agent pathogène	Origine	Hôte	Mortel pour l'espèce humaine
Ixodes ricinus	fièvre hémorragique de Congo-Crimée	*Nairovirus* (arbovirus)	Afrique, Asie	homme, mammifères	oui
Ixodes ricinus, *Dermacentor*	tularémie (fièvre du lapin)	*Francisella tularensis* (bactérie)	Amérique du Nord (type A)	homme, rongeurs	oui
Dermacentor reticularis	babésiose (malaria du chien)	*Babesia canis* (sporozoaire)	région méditerranéenne	chien	non
Rhipicephalus sanguineus	hépatozoonose	*Hepatozoon canis* (protozoaire)	Afrique	chien	non

Les menaces sur l'économie forestière

Dans la gestion normale des forêts, certaines plantes invasives occasionnent des coûts de maintenance, par exemple lorsque le buddleia (*Buddleja davidii*) envahit des zones de reboisement et exige qu'on le combatte mécaniquement. Les espèces d'arbres se dispersant par leurs graines, tels le pin Weymouth (*Pinus strobus*), le cerisier noir (*Prunus serotina*) ou le robinier (*Robinia pseudoacacia*), tous d'origine nord-américaine, entraînent des frais de main-d'œuvre supplémentaires, car elles rendent les travaux forestiers plus difficiles et évincent par ailleurs des espèces utiles.

Le nématode xylophage du pin (*Bursaphelenchus xylophilus*) est originaire d'Amérique du Nord et fut importé en Asie et au Portugal. Il cause des dégâts importants, peut faire mourir des pins (*Pinus*). Au Japon, depuis 1945, il a détruit plus de 26 millions de mètres cubes de bois. Le Portugal tente d'éviter la propagation par l'abattage de zones de forêts attaquées, et d'autre part empêche de nouvelles introductions en interdisant par exemple l'importation de bois de pin non traité d'Amérique du Nord. Le longicorne asiatique (*Anoplophora glabripennis*) fut répandu avec du bois d'emballage en Europe et en Amérique du Nord, où des populations locales ont pu s'établir et même se disséminer. Cet insecte attaque divers arbres à feuilles caduques, tels l'érable, le bouleau, le noyer, le frêne, etc., et les fait mourir. Dans trois Etats des USA, les actions antinuisances, dont le succès est encore incertain, ont coûté en dix ans 150 millions de dollars. Certains foyers d'infestation européens sont considérés comme éteints, et d'autres demeurent sous contrôle permanent ou diverses interventions protectrices y sont poursuivies. La punaise du pin américaine (*Leptoglossus occidentalis*) est importée continuellement depuis 1999, d'Amérique du Nord vers l'Europe, par des transports en containers. En une décennie elle a colonisé presque tout le continent, mais il n'est pas encore possible d'évaluer les dégâts qu'elle occasionne aux graines des plantes-hôtes par son activité de succion.

Perturbations dans les infrastructures

Quelques espèces non indigènes détruisent des infrastructures. C'est là une autre catégorie de dégâts. Les rongeurs s'attaquent aux câbles électriques et causent des courts-circuits. Les ratons-laveurs (*Procyon lotor*) et les perroquets laissent les traces coûteuses de leurs activités sur les façades et dans les combles. Les fourmis peuvent par colonisation massive d'installations électroniques les bloquer ou même les détruire. Des animaux fouisseurs comme le lapin de garenne (*Oryctolagus cuniculus*), le rat musqué (*Ondatra zibethicus*) ou le ragondin (*Myocastor coypus*) minent les berges et les digues de protection. Le crabe chinois (*Eriocheir sinensis*) construit jusqu'à 30 galeries d'habitation par mètre carré, de telle sorte que les sols en pente sont déstabilisés et l'érosion s'en trouve accélérée. Le taret *Teredo navalis*, mollusque marin bivalve, détruit le bois de construction dans les installations portuaires, les écluses et les bateaux. Il a causé dans la mer Baltique de 1995 à 2000 des dégâts estimés à 20 millions d'euros.

La moule zébrée (*Dreissena polymorpha*) et les palourdes asiatiques du genre *Corbicula* colonisent par millions au stade larvaire des installations techniques aquatiques, tels que conduites d'eau, tuyaux de réfrigération, échangeurs de chaleur et systèmes de filtration ; c'est par leur prolifération et leur croissance qu'elles obstruent les installations. Les cténophores et méduses altèrent aussi les équipements techniques le long des côtes marines. Les travaux de nettoyages et les traitements chimiques réguliers sont coûteux. Les frais requis par les dégâts dans le domaine aquatique, en Europe et en Amérique du Nord, ont été chiffrés à 44 millions d'euros par an pour les années 1990 (McNeely 2001). Le fait que les systèmes de refroidissement des centrales nucléaires sont également affectés, montre que les espèces invasives peuvent étendre leurs nuisances jusqu'à mettre en péril la sécurité de haute technicité.

Beaucoup de plantes invasives croissent de préférence le long des routes et dans des installations ferroviaires. Des plantes arbustives, comme la verge d'or (*Solidago*) ou la renouée du

Japon (*Fallopia*), et des plantes ligneuses, comme le buddleia (*Buddleja davidii*), provoquent des coûts d'entretien et des interventions par herbicides. L'ailante (*Ailanthus altissima*) croît avant tout au centre des villes, à proximité de bâtiments qu'il peut abîmer par sa croissance rapide.

Des plantes aquatiques comme la peste d'eau (espèces du genre *Elodea*) obstruent des canaux d'irrigation et de drainage. Dans le Sud de l'Europe aux hivers doux se développe par endroits, de manière tout aussi problématique, la jacinthe d'eau sud-américaine (*Eichhornia crassipes*), mauvaise herbe que l'on craint jusque dans les régions tropicales et subtropicales. Leur élimination régulière de quelques voies navigables dans sept pays africains coûte annuellement l'équivalent de 14 millions d'euros (McNeely 2001).

L'envahissante jacinthe d'eau, *Eichhornia crassipes*. En 100 ans, cette plante invasive s'est répandue dans le monde entier. C'est aujourd'hui l'une des pires mauvaises herbes aquatiques. Répartition géographique actuelle : en gris. La région d'origine en Amérique du Sud est indiquée par un cercle.

Source : modifié d'après Nentwig (2005).

Aspects sociaux

Achevons ce chapitre, sur les coûts entraînés par les espèces invasives, en considérant les répercussions sociales des dégâts qu'elles causent. Elles sont difficile à quantifier. Souvent très coûteuses, elles vont jusqu'à provoquer des changements à grande échelle et à long terme dans certaines communautés humaines.

Reprenons ici le cas de la chrysomèle des racines du maïs (*Diabrotica virgifera*), ce ravageur nord-américain en forte expansion en Europe. Pour éviter qu'en peu de temps l'ensemble des zones cultivées en maïs ne soit infesté, trois scénarios ont été envisagés. (1) Un système de rotation et à grande échelle. La culture du maïs est stoppée pendant deux à trois ans, afin que les chrysomèles ne trouvent plus localement de plants de maïs où déposer leurs œufs. Inconvénients : les coûts liés à la perte de production et une ingérence importante dans les pratiques d'exploitation de l'agriculteur. (2) Des insecticides appliqués de manière généralisée. En plus du coût de ces traitements, l'impact peut être considérable sur l'environnement, avec un risque de résistances. Cette politique entraîne aussi une mise sous tutelle de ceux qui souhaiteraient une exploitation biologique. (3) Culture généralisée de maïs-Bt. C'est la solution du génie génétique : il interrompt le cycle de développement du ravageur. En Europe, où les plantes modifiées génétiquement sont rejetées, en dépit d'une absence de justification scientifique, une telle solution susciterait de vifs débats.

Le doryphore nord-américain (*Leptinotarsa decemlineata*) a été utilisé plusieurs fois au 20e siècle à des fins de propagande. Il fut envisagé par les belligérants comme instrument de la guerre biologique.

LES COÛTS GLOBAUX DES ESPÈCES INVASIVES

L'appréciation des coûts qu'occasionnent les plantes et les bêtes invasives est un calcul complexe. D'un côté, nous avons des actions ciblées contre une espèce déterminée causant des nuisances dans un périmètre régional et dont les incidences financières sont connues en détail. Certains chercheurs (Vilà *et al.*, 2009) proposent la vue groupée de dix actions dans ce domaine en Europe, qui ont occasionné des dépenses annuelles moyennes de 1,9 million d'euros. Toutefois, les contextes sont fort différents, du niveau local à un pays entier. Dans quelques rares cas, les coûts ne se produisent qu'une fois (l'éradication fut couronnée de succès), mais le plus souvent ils sont récurrents (programmes sur plusieurs années ou réduction régulière des dégâts).

Une autre évaluation comparable (Reinhardt *et al.*, 2003) part de coûts connus, occasionnés par 20 espèces invasives en Allemagne à des échelles régionales différentes. Ces coûts ont été extrapolés à l'ensemble de la RFA et représentent par espèce 8,4 millions d'euros par an. On doit aussi mentionner l'étude classique de l'*Office of Technology Assessment*, l'OTA (1993) aux Etats-Unis, qui sur la base de 79 espèces invasives parvient pour les années 1906-1991 à l'équivalent de 12,5 millions d'euros par année et par espèce. D'autres travaux, dont la liste est donnée par Hubo *et al.* (2007), mentionnent pour certains cas des coûts dix fois plus élevés, mais sont fondés sur d'autres prémisses, si bien que les comparaisons ne sont guère possibles. Une simple extrapolation de ces études basées sur les espèces invasives qui causent les dégâts les plus importants, et qui inclurait toutes les espèces non indigènes d'un pays donné, dépasse nos possibilités. Nombreux sont les plantes ou les animaux virtuellement menaçants qui n'ont pas (encore) occasionné de dégâts directement mesurables, ou dont les méfaits ne sont pas connus ou ne peuvent être facilement chiffrés.

Il existe néanmoins, sur la base de certaines études particulières, deux extrapolations qui comprennent les coûts de l'ensemble des espèces non indigènes. L'Union européenne avance à cet égard une somme de 12 milliards d'euros par année comme coûts résultant de la prévention et des dégâts dans son périmètre (European Commission 2008). Cela correspond à 0,1% du «produit social brut» de l'UE. Il est cependant mentionné que les coûts effectifs sont largement supérieurs et que cette somme représente une sous-estimation grossière. Pour les USA, certains travaux (Pimentel *et al.*, 2005) mentionnent des coûts annuels de 97 milliards d'euros. Par rapport au produit social brut des USA, cela représente 1,1%. D'autres chercheurs des Etats-Unis ont porté leur évaluation entre 2 et 5% du produit social. Un taux de 2% représenterait actuellement 190 milliards d'euros pour l'Union européenne.

Les espèces invasives exigent des changements de comportement. Dans les villes où habite le raton-laveur (*Procyon lotor*), il ne faut ni laisser de fenêtre ouverte pendant la nuit, ni entreposer de denrées alimentaires sur les balcons, car ces animaux peuvent pénétrer partout. Les blattes ou les fourmis dans les bâtiments imposent des règles d'hygiène particulières : les denrées alimentaires doivent toujours être bien emballées ou scellées. Dans certaines régions, il n'est pas possible de se promener dans la nature, car des opuntias invasifs (*Opuntia*) peuvent blesser ou la berce du Caucase (*Heracleum mantegazzianum*) peut provoquer des brûlures. Sur certaines côtes atlantiques et méditerranéennes, il est recommandé d'éviter les endroits colonisés par l'huître japonaise (*Crassostrea gigas*), car elle peut blesser les pieds. Mais comment peut-on évaluer sur le plan financier de telles contraintes ?

Les espèces invasives peuvent aussi occasionner des pertes que nous déplorons pour des raisons esthétiques. La mineuse du marronnier (*Cameraria ohridella*) enlaidit en été les allées (*Aesculus hippocastanum*) par leur infestation massive. C'est pourquoi les administrations responsables des parcs remplacent les marronniers sud-européens à fleurs blanches, sensibles, par des hybrides américains à fleurs roses, qui ne sont pas atteints.

Les espèces invasives modifient l'apparence et l'accessibilité des paysages. De nombreuses zones riveraines ont cessé d'être accessibles à cause de peuplements en monoculture de la renouée du Japon (*Fallopia japonica*), de la berce du Caucase (*Heracleum mantegazzianum*) ou de l'impatiente glanduleuse (*Impatiens glandulifera*). Le rhododendron des parcs (*Rhododendron ponticum*) a rendu impénétrables de vastes surfaces en Angleterre. Grâce à leurs « symbiontes », le robinier (*Robinia pseudoacacia*) et le lupin à plusieurs feuilles (*Lupinus polyphyllus*) eutrophient des sols auparavant pauvres en nutriments, si bien que la flore typique des sols maigres diminue. Des oiseaux survenant en masse souillent de leurs excréments des parcs et autres zones urbaines, empêchant leur utilisation à des fins récréatives et de délassement. Citons à cet égard l'un des coupables : la bernache du Canada (*Branta canadensis*), qui produit jusqu'à 250 kilogrammes de fientes par an. Mais que signifie cela dans l'appréciation chiffrée des dégâts ?

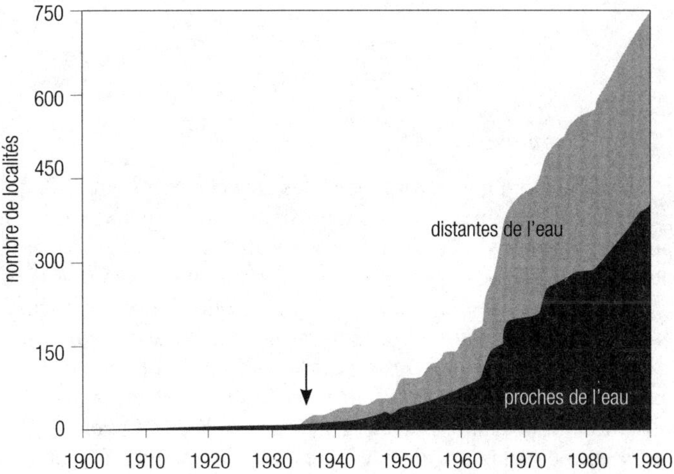

L'invasion des impatientes glanduleuses (*Impatiens glandulifera).* Augmentation du nombre de localités de la République tchèque où cette plante invasive a proliféré.

Source : d'après Pyšek et Prach (1993).

6

ATTEINTES À LA SANTÉ HUMAINE

Blessures et allergies

Elles ne sont pas nombreuses, les espèces non indigènes qui provoquent des blessures et représentent une menace directe pour les humains. On connaît les « brûlures » qu'occasionne la berce du Caucase (*Heracleum mantegazzianum*), mentionnée précédemment. Il s'agit dans ce cas d'une dermatite induite par la lumière solaire, provoquée par des furanocoumarines, substances secondaires de la plante. Cet accident se manifeste par des plaies qui ressemblent à de vraies brûlures mais guérissent nettement moins bien (Pyšek *et al.* 2007). On enregistre régulièrement des cas de blessures par des plantes à piquants ou épines, comme les cactus, les tiges d'herbes à arêtes vives ou certaines plantes grimpantes. Ajoutons ici des piqûres ou morsures de fourmis, d'abeilles et de guêpes belliqueuses ou de vertébrés agressifs. Il n'existe cependant pas de données réunissant explicitement tous les cas médicaux liés à des espèces venues d'autres continents. Le nombre d'araignées non indigènes augmente depuis des décennies, notamment dans le centre des villes et dans d'autres habitations, où des espèces comme la veuve noire (*Latrodectus*) ou la recluse brune (*Loxosceles*) se sont établies. Leur morsure n'est, du moins théoriquement, pas inoffensive. Mais en fait, les morsures et surtout les cas mortels sont extrêmement rares (Kobelt et Nentwig 2008).

On peut pourtant observer que, longtemps, le potentiel allergène des espèces invasives n'a pas été reconnu. Il s'agit par exemple d'allergies inoffensives, très répandues, dues aux poils d'animaux à fourrure, comme le hamster doré ou les cobayes. Les piqûres de la fourmi de feu (*Solenopsis invicta*) sont très douloureuses et entraînent souvent des réactions allergiques. On pense dès lors aux Etats-Unis où chaque année, dans le Sud-Ouest, plus de dix millions de personnes se font piquer, 100 000 se font traiter médicalement, 100 souffrent d'un choc anaphylactique et dans 80 cas, le patient meurt (DeShazo *et al.* 1999). On sait également que des poussières allergènes de blattes, provenant avant tout des crottes, peuvent déclencher d'intenses crises d'asthme.

Parmi les végétaux, c'est l'ambroisie élevée (*Ambrosia artemisiifolia*), originaire d'Amérique du Nord, qui a le potentiel allergène le plus élevé. De six à douze grains de pollen par mètre cube d'air suffisent, chez un sujet allergique au pollen, à provoquer des larmes, des démangeaisons, une sensibilité accrue à la lumière, des maux de tête et le rhume des foins, et dans les cas graves de l'asthme. L'ambroisie est de ce fait environ dix fois plus agressive que les pollens d'arbres ou de graminées à pouvoir allergène connu. Une grande partie de la population européenne et pratiquement toutes les personnes allergiques aux pollens sont sensibles au pollen de l'ambroisie. Comme celle-ci fleurit de juillet à octobre, la saison à pollen s'allonge singulièrement pour les personnes allergiques. L'écorce et les feuilles de l'ailante (*Ailanthus altissima*) peuvent également engendrer de fortes réactions allergiques de la peau.

Agents pathogènes

De nombreux agents pathogènes n'ont longtemps été observés que dans une région bien délimitée, dans l'aire de tel ou tel animal, mais, par un contact avec les activités humaines, ils les ont prises comme vecteur pour se disséminer dans le monde entier. L'exemple le plus connu est le sida, transmis par le virus VIH. Celui-ci a probablement passé du singe à l'homme au Congo, au 17e siècle déjà, mais il est resté confiné là, à cause de l'isolement de cette région, jusqu'à ce que vers 1959 il commence à se répandre hors de l'Afrique. Actuellement, environ 33 millions d'êtres humains en sont infectés et deux millions en meurent chaque année (www.unaids.org).

Le virus Ebola, dont l'hôte est probablement une espèce de roussette (chauve-souris) d'Afrique tropicale, provoque chez l'espèce humaine la fièvre d'Ebola, qui au cours des épidémies connues à ce jour, conduit à 80% de mortalité. Le virus de Marburg qui lui est apparenté, provoque la fièvre de Marburg et provient probablement aussi d'une roussette d'Afrique tropicale, mais des cercopithèques peuvent fonctionner comme hôte intermédiaire. La mortalité est plus faible que pour le virus Ebola. En 2002/2003, on découvrit en Chine un coronavirus jusque-là inconnu, qui passa d'une espèce de viverridés à l'espèce humaine et déclencha la maladie pulmonaire SARS (*Severe Acute Respiratory Syndrome*). Dans l'ensemble du monde, plus de 8000 personnes tombèrent malades, dont 774 (10%) moururent.

Toute une série d'agents pathogènes sont parvenus en Europe avec leurs vecteurs ou hôtes intermédiaires qu'on importa. Ainsi par exemple, la fièvre du Nil occidental, le chikungunya ou la malaria sont transmis par des moustiques. Parmi ceux-ci, le moustique-tigre (*Aedes albopictus*) présente une importance particulière, car entre-temps il s'est disséminé sur toute la planète, transmettant divers agents pathogènes à l'homme, entre autres le virus du Nil occidental, le virus de la fièvre jaune, les agents de l'encéphalite de St-Louis, la dengue et le chikungunya. Aux Etats-Unis, de 1999 à 2003, sur un total de 14 000 personnes infectées, 564 (4%) moururent de la maladie du Nil occidental. A La Réunion, sur 266 000 personnes infectées, 248 (1%) moururent du chikungunya lors de l'épidémie de 2005/2006.

En vérité, la probabilité d'être atteint de la malaria en Europe est très faible. De 1969 à 1988, 29 cas furent recensés, les personnes touchées n'ayant manifestement jamais été dans les tropiques (Isaäcson 1989). Cette malaria, dite des aéroports, est déclenchée par des moustiques qui arrivent directement par avion d'un pays tropical et transmettent les agents pathogènes dans les zones d'atterrissage. Ce nombre de cas (un à deux par an) doit être mis en relation avec les quelque 500 à 1000 cas de malaria, recensés en moyenne au cours des dernières années en Allemagne uniquement, pour lesquels l'infection a été contractée dans un pays tropical.

Maladies non indigènes transmises et disséminées en Europe par des moustiques.

Moustique	Maladie	Agent pathogène	Origine	Hôte	Mortel pour l'espèce humaine
Aedes (Culicidae)	maladie du Nil occidental	virus du Nil occidental *(Flavivirus)*	Afrique	homme, oiseaux	oui
Aedes albopictus (Culicidae)	chikungunya	virus du chikungunya *(Alphavirus)*	Afrique	homme, mammifères	oui
Aedes, Culex (Culicidae)	dirofilariose	*Dirofilaria immitis, D. repens* (nématode)	région méditerranéenne	homme, chien	non
Anopheles (Culicidae)	malaria	*Plasmodium* (protozoaire)	zones tropicales	homme	oui
Culex (Culicidae)	maladie du virus Usutu	virus *Usutu* (*Flavivirus*)	Afrique	mammifères, oiseaux	non
Culicoides (Ceratopogonidae)	maladie de la langue bleue	*Orbivirus*	Afrique du Sud	ruminants	non
Phlebotomus (Psychodidae)	leishmaniose	*Leishmania infantum* (protozoaire)	Afrique, région méditerranéenne	homme, chien	oui

Le chien viverrin (*Nyctereutes procyonoides*) et le raton-laveur (*Procyon lotor*) sont des vecteurs potentiels de la rage. En Finlande, pays exempt de rage pendant trois décennies, les chiens viverrins ont causé en 1988 une réapparition de la maladie, suivie d'une action globale pour combattre sa propagation (Sihvonen 2001). La Suisse est exempte de rage depuis 1999 et la France depuis 2001. A cause des deux espèces animales mentionnées, aux effectifs en constante augmentation, le potentiel de risque pour l'espèce humaine croît à nouveau de manière directe, mais aussi indirecte, par exemple lorsque des chiens domestiques sont infectés. Il est à craindre que cette maladie, le plus souvent mortelle pour l'espèce humaine, ne réapparaisse dans nos régions. Une autre menace potentielle vient des populations de perroquets qui se répandent dans de nombreux centres urbains, car ces animaux (en plus de quelques espèces d'oiseaux indigènes) transmettent la maladie des perroquets (psittacose, ornithose) à l'homme. Même dans le cas d'un traitement médical adéquat, cette maladie présente encore un taux de mortalité de 1 à 5%.

Fréquence de quelques maladies à déclaration obligatoire.

Maladie	Transmise par	2001	2005	2006	2007	2008
dengue	moustiques	60	144	175	264	273
échinococcose	mammifères	46	125	129	93	102
malaria	moustiques (*Anopheles*)	1044	630	569	541	547
ornithose	oiseaux	56	33	26	12	22
tularémie	tiques	3	15	1	20	15

Exemple de maladies transmises à l'espèce humaine en Allemagne, donc en dehors de la zone de répartition naturelle de la maladie par les vecteurs habituels, en particulier par des espèces invasives. L'infection a eu lieu dans le pays ou à l'extérieur. Pour la période recensée aucun cas de fièvre jaune, de fièvre d'Ebola ou de fièvre de Marburg n'a été recensé, maladies appartenant à la catégorie étudiée ici.

Source : Rapport de santé de l'administration fédérale d'Allemagne www.gbe-bund.de.

Parmi les espèces invasives figurent les ravageurs liés à l'hygiène et capables, de manière préoccupante, de transmettre eux aussi des maladies. La blatte germanique (*Blattella germanica*) souille son habitat et les denrées alimentaires infestées par ses crottes, le contenu de son jabot ou les sécrétions de ses glandes salivaires. Elle transmet ainsi à l'espèce humaine les bactéries du charbon, de la tuberculose et des salmonelles, ainsi que d'autres agents pathogènes. Ce risque vaut probablement pour d'autres espèces de blattes. De manière comparable, le surmulot (*Rattus norvegicus*) transmet les agents du typhus, du choléra, de la shigellose, de la tuberculose et d'autres maladies. De très petites fourmis comme la fourmi de pharaon (*Monomorium pharaonis*), qui a fini par apparaître dans presque tous les pays européens, peuvent dans les hôpitaux se faufiler sous les pansements des patients et transmettre des maladies ; elles représentent de ce fait un risque certain.

Nous retrouvons aussi en ce chapitre les bernaches du Canada (*Branta canadensis*), de plus en plus nombreuses en Europe et très mobiles. Elles colonisent des zones urbaines avec plans d'eau et des parcs, les souillent de leurs excréments et disséminent des agents pathogènes sur de vastes périmètres. Dans leurs fientes, différents germes fécaux (espèces de *Campylobacter*, d'*Enterococcus* et *Escherichia coli*) et d'autres bactéries comme *Legionella pneumophila* ont été mises en évidence, mais également des protozoaires tels que *Giardia* et *Cryptosporidium* (Jansson *et al.* 2008). Ces oiseaux représentent ainsi un sérieux problème de santé pour l'espèce humaine.

Les parasites

Quelques mammifères non indigènes emportent également avec eux des parasites qui peuvent devenir dangereux pour nous, directement ou par des hôtes intermédiaires. Ainsi, le chien viverrin (*Nyctereutes procyonoides*), originaire d'Asie de l'Est, se révéla un hôte néfaste lorsque dans sa nouvelle aire de répartition européenne il entra en contact avec le ténia du renard (*Echinococcus multilocularis*), long d'à peine trois millimètres. Il en va de même pour le rat musqué (*Ondatra zibethicus*), qui transmet fréquemment des parasites à l'espèce humaine (Reinhardt *et al.* 2003) et le ténia qu'il héberge provoque chez l'homme l'échinococcose alvéolaire, potentiellement mortelle : elle détruit des organes internes, notamment le foie, et n'est décelée généralement qu'après dix à vingt ans. Une grande partie de la population européenne de ratons-laveurs (*Procyon lotor*) est infestée par l'ascaris du raton-laveur (*Baylisascaris procyonis*) qui peut également infester l'homme. Les suites sont souvent mortelles chez les enfants (Sorvillo *et al.* 2002).

7

CONTRÔLE ET LUTTE

Premier principe : des produits propres

Comme dans la législation sur les denrées alimentaires, un principe fondamental devrait s'appliquer à tous les autres produits et à leur logistique : il faut faire entrer dans le commerce, transporter ou livrer exclusivement ce que « la déclaration » d'un produit mentionne, donc ce qui est commandé et souhaité. Des containers avec des appareils électroniques ne devraient contenir que cela et pas des passagers clandestins. Des fleurs coupées, des plantes en pots ou du bois devraient êtres exempts à l'extérieur comme à l'intérieur d'agents pathogènes, de parasites ou de tous autres organismes. Même règle pour le commerce d'animaux domestiques, de poissons ou d'animaux de compagnie. Les graines pour oiseaux dont la déclaration spécifie qu'elles comportent trois espèces ne doivent pas être contaminées par d'autres.

La réglementation doit être claire et générale. Il est sans importance que plantes ou animaux importés à notre insu, « passagers clandestins », soient nuisibles ou pas. La prescription nette de ne pas les laisser entrer en Europe éviterait les discussions souvent interminables sur ce que pourraient être leurs effets secondaires possibles et les conséquences de leur introduction ; on s'épargne les questions et les attentes par manque d'informations. Ces temps de latence ont tendance à se prolonger et ouvrent la voie à des nocivités potentielles.

Il faut d'autre part un engagement de type qualitatif de la part du fournisseur et du vendeur, qui implique une responsabilité pénale. Les partenaires commerciaux doivent pouvoir être appelés, le cas échéant, à rendre des comptes. C'est à cette condition que l'on peut garantir des produits débarrassés d'organismes indésirables.

Pour établir un tel «standard de propreté», une série de mesures techniques sont requises. Les semences ou la nourriture pour oiseaux, par exemple, peuvent et doivent être purifiées avec plus d'efficacité qu'aujourd'hui. Le bois d'emballage doit être traité au préalable pour éliminer les parasites du bois. Les eaux de ballast doivent être traitées; la vidange et le plein des cargos ne doivent s'exécuter qu'en haute mer, et non à proximité des côtes, comme l'exige d'ailleurs la convention internationale sur les eaux de ballast. Il faut renoncer au commerce intercontinental de certaines denrées qui ne peuvent pas être décontaminées de manière raisonnable comme la terre pour plantes horticoles ou les plantes en pots.

Le principe de prévention

Il vaut mieux éviter les dégâts que de devoir y remédier après coup. Ce «Principe 15», proclamé en 1992 par les Nations Unies dans la célèbre déclaration de Rio sur l'environnement et le développement, vaut également pour les espèces non indigènes. C'est «le principe de prévention» repris dans le préambule de la Convention sur la diversité biologique (*Convention on Biological Diversity*), qui fut aussi adoptée au sommet de Rio. Il est ajouté que le principe de prévention s'applique même là où il n'est pas évident qu'un dommage (provoqué dans notre cas par des espèces non indigènes) puisse survenir ultérieurement. L'absence de certitude scientifique n'est pas une raison suffisante pour ne pas agir.

Le principe de prévention exige des contrôles réguliers. Ils peuvent s'appliquer à la qualité lors de la fabrication et de la commercialisation, mais aussi lors de la livraison. Mais nous ne sommes plus à l'époque où les passages de frontières, avec présence douanière, coïncidaient avec les limites de pays souverains. Dans l'Europe moderne et dans le cadre de l'Union européenne, les frontières et contrôles sont progressivement supprimés à tous les niveaux. La vision de l'UE comme espace économique unifié, mais avec des frontières extérieures fortement contrôlées, est un but aujourd'hui largement atteint.

La suppression des frontières à l'intérieur de l'Europe ne constitue pas un problème majeur dans la lutte contre la dissémination d'espèces invasives, pour autant que les contrôles aux frontières périphériques soient sérieux. Mais c'est là que nous devons bien constater des lacunes. Les inspections sont accomplies selon une liste aux critères insuffisants : elle se limite, suivant la directive 2000/29 de l'UE, à un inventaire bien défini mais restreint de maladies des plantes et de ravageurs. La police des frontières veille aussi à ce que ne soit importée aucune espèce figurant dans la Convention de Washington sur la protection des espèces menacées (dans la liste CITES). Mais il existe bien d'autres espèces non indigènes non pointées ; en d'autres termes, le fait qu'une espèce soit d'origine extra-européenne n'est pas une raison suffisante pour empêcher son entrée (pour autant qu'elle soit détectée). On peut déplorer aussi un manque d'harmonisation entre les différents niveaux juridiques et les instances de contrôle.

La douane assume la responsabilité des mesures de quarantaine, adéquates pour le dépistage de maladies ou permettant d'éviter l'entrée de ravageurs. Malheureusement, de nombreux Etats européens ont réagi à la suppression des frontières intra-européennes en réduisant le personnel frontalier, dont la formation se révèle souvent lacunaire face à la quantité sans cesse croissante des marchandises transportées. La situation actuelle est donc loin d'être satisfaisante.

Des animaux et des plantes importés doivent en principe être accompagnés d'un certificat de santé qui atteste l'absence de maladies ou d'agents pathogènes. Néanmoins on détecte sans cesse la pénétration d'organismes indésirables et l'apparition de nouvelles pathologies. On mesure là l'insuffisance des certifications. Il subsiste une vaste zone d'ombre. Le pouvoir politique devrait donc réapprécier les instruments à disposition et dans bien des cas les renforcer, visant un dépistage précoce. C'est le couplage d'une interdiction d'importation (pour le produit, le pays ou le transporteur) et d'une responsabilité pénale qui pourrait faire changer la situation rapidement. On peut prendre exemple sur le certificat de l'UE prévu depuis 2004 pour les chiens, chats et autres animaux de compagnie lorsque ceux-ci accompagnent leurs propriétaires entre les Etats membres. A partir de 2011, ces animaux ont dû être munis d'un dispositif d'identité impliquant une responsabilité juridique.

Des mesures préventives pourraient être appliquées de manière plus efficace si les connaissances disponibles étaient mieux utilisées. Les failles ont été identifiées lors de l'importation d'espèces non indigènes et s'observent notamment dans l'aviation civile, les activités militaires, le tourisme, l'élevage et la possession d'animaux de compagnie, le commerce de plantes horticoles ou de semences végétales, le domaine des aquariums et étangs de jardin, l'utilisation d'appâts vivants, les programmes de reforestation, les programmes d'aide au développement et les échanges d'eau entre systèmes fluviaux ou entre bassins océaniques par les canaux ou par les eaux de ballast (Miller *et al.* 2006). L'importance de chaque voie de dissémination peut être évaluée pour des groupes déterminés d'animaux et de végétaux. Des recommandations pour y remédier peuvent dès maintenant être proposées (Hulme *et al.* 2008).

Restrictions commerciales

Le GATT, accord général sur les tarifs douaniers et le commerce (*General Agreement on Tariffs and Trade*), s'est appliqué depuis 1948 à réduire sur le plan mondial les droits de douane, les redevances et autres obstacles au commerce international. Pour sa part, l'Organisation mondiale du commerce (OMC – ou WTO, *World Trade Organization*), créée en 1995, poursuit comme organisation faîtière le même but. Chacun connaît bien ce grand mouvement de libéralisation des marchés. Toute restriction du commerce peut apparaître dès lors comme une atteinte à l'esprit du GATT et de l'OMC. C'est pourquoi, il est important de souligner que les ravageurs des végétaux, les agents pathogènes ou les parasites ne sauraient être considérés comme des objets du libre-échange. Il faut reconnaître formellement le droit d'effectuer à leur égard des contrôles et affirmer le devoir de refouler les marchandises contaminées. C'est même l'ensemble des espèces non indigènes qui devrait être soumis à ce statut, et il conviendrait d'améliorer les accords internationaux à cet égard.

Les partenaires commerciaux devraient se montrer les premiers intéressés à ne pas faire le commerce de marchandises problématiques. Les acteurs responsables des échanges devraient éviter, de leur propre initiative, les plantes et les animaux extra-européens, car le risque potentiel de dommages doit être reconnu aujourd'hui comme beaucoup trop élevé. Des restrictions consenties de plein gré sur le marché international dans le sens d'un « code de comportement » seraient dans l'intérêt des institutions concernées. Renoncer par exemple à importer des plantes en pots d'origine extra-européenne éviterait non seulement l'introduction passive de nombreux organismes douteux, mais libérerait d'un risque de préjudices les acteurs de ce commerce, les centres horticoles, les entreprises de jardinage ou les pépiniéristes. Renoncer à importer des plantes aquatiques n'empêcherait pas seulement la dissémination de nombreuses espèces problématiques, mais créerait une situation claire pour les amateurs d'aquariums, les propriétaires d'étangs de jardin et les commerçants.

On doit exiger dans le même esprit une information exacte sur les espèces vendues. Il est inadmissible que des plantes soient vendues sous des appellations telles que « plante d'ornement » ou « fleur d'appartement », « cactus », « plante aquatique ». Il faut connaître le nom scientifique pour se documenter et adopter un comportement adéquat. Les mises en gardes doivent être liées à la plante, par exemple : « Ne doit pas être disséminée en dehors des jardins », ou des indications sur la manière de l'éliminer.

Mesures de lutte

Les mesures à prendre, face aux espèces importées ou invasives, se déclinent selon une certaine terminologie : on parle de gestion d'une espèce (réduire le nombre d'individus), de dispositifs de surveillance (atténuer sa dissémination), de contrôle biologique (diminuer ses dégâts) ou d'éradication. En règle générale, ces actions ne conduisent pas à la disparition de l'espèce. Mais celle-ci peut être envisagée.

Si, malgré tous les efforts préventifs, une espèce s'est tout de même introduite ou si elle se répand dangereusement, les directives de la convention sur la biodiversité recommandent l'élimination immédiate de l'espèce. Or cette mesure s'avère bien plus facile à un stade précoce de la dissémination. Moins d'individus, aire limitée, c'est une chance accrue de réussir. D'où l'importance des dépistages précoces.

La lutte contre une espèce nuisible ou son éradication, avec planification raisonnable, exécution et documentation, sont des actions coûteuses en temps et en argent. Il faut comparer différentes procédures envisageables, en fixer une, vérifier techniquement sa réalisation et juger finalement son efficacité. Dès le début, il peut être recommandable d'informer la population concernée par le projet et l'y intégrer. La situation est particulièrement délicate s'il est décidé d'éradiquer une espèce de vertébrés, ce qui peut indigner le public et déchaîner les groupes de protection des animaux. Il importe d'obtenir leur coopération et de prévoir un contrôle du succès de la mesure (le *monitoring*), en tenant à disposition toutes les informations récoltées dans le cadre du projet.

L'éradication est possible

On entend souvent dire que, dans une région envahie, l'éradication d'une espèce est très difficile, voire impossible. Il convient donc de souligner qu'en principe il est possible d'éradiquer n'importe quelle espèce invasive, pour autant qu'une volonté politique se soit manifestée et que les moyens financiers soient disponibles. Une série d'exemples ont démontré que ces interventions radicales, même contre des espèces résistantes, peuvent réussir. Un cas exemplaire : il s'est révélé possible d'éradiquer le virus de la variole à l'échelle mondiale.

Dégâts économiques dus à des espèces invasives en fonction du montant des dégâts et en millions d'euros. Données récoltées entre 1995 et 2010.

Espèce	Région	Type de dégâts	Montant des dégâts par année
capricorne asiatique des agrumes (*Anoplophora chinensis*)	Italie	coûts de lutte	0,5
écureuil gris américain (*Sciurus carolinensis*)	Angleterre	coûts de lutte	0,5
griffe de sorcière (*Carpobrotus sp.*)	Espagne	coûts de lutte, éradication locale	0,6
érismature rousse (*Oxyura jamaicensis*)	Angleterre	éradication	0,8
cerf Sika (*Cervus nippon*)	Angleterre	coûts de lutte	0,8
azolle fausse fougère (*Azolla filiculoides*)	Espagne	coûts de lutte, éradication locale	1
maladie de l'orme (*Ophiostoma sp.*)	Allemagne	nouvelles plantations	2
jacinthe d'eau (*Eichhornia crassipes*)	Espagne	coûts de lutte, éradication locale	3
ragondin (*Myocastor coypus*)	Italie	dégâts, coûts de lutte	3
vison américain (*Neovison vison*)	Allemagne	coûts de lutte	4
taret (*Teredo navalis*)	mer Baltique	remplacement des constructions de bois détruites	4
pyrale de la farine (*Ephestia kuehniella*)	Allemagne	pertes, coûts de lutte	5
rat musqué (*Ondatra zibethicus*)	Allemagne	coûts médicaux, dégâts, coûts de lutte	12
berce du Caucase (*Heracleum mantegazzianum*)	Allemagne	coûts médicaux, coûts de lutte	14
capucin des grains et cucujide dentelé du grain (*Rhyzopertha dominica, Oryzaphilus surinamensis*)	Allemagne	conseils, pertes, coûts de lutte	19
cerisier noir (*Prunus serotina*)	Allemagne	coûts de lutte	25
ambroisie élevée (*Ambrosia artemisiifolia*)	Allemagne	coûts médicaux	32
renouée du Japon (*Fallopia japonica*)	Allemagne	dégâts, coûts de lutte	32

Source : Reinhardt *et al.* 2003, Vilà *et al.* 2009.

Si les animaux à éliminer sont de grands vertébrés, on les abat en général de manière ciblée ou on les capture dans des trappes spéciales avant de les tuer. De cette manière, en Europe, plusieurs espèces invasives de mammifères ont déjà été supprimées localement. Le castor du Canada (*Castor canadensis*) a été éliminé de France et d'Autriche, mais se rencontre encore en Finlande, où il nuit gravement au castor européen (*C. fiber*). Le ragondin d'origine sud-américaine (*Myocastor coypus*) fut chassé d'Angleterre en onze ans. Cette action a coûté cinq millions d'euros, mais a permis d'éviter de gros dégâts à long terme. Le ragondin se rencontre encore en Europe continentale. Les porcs-épics indiens (*Hystrix indica*) ont été éliminés d'Angleterre avant d'avoir pu se disséminer. L'exercice usuel de la chasse, contrairement à de tels programmes ciblés, ne suffit pas à éradiquer une espèce animale invasive, car les chasseurs n'ont pas intérêt à ce que la population du gibier décline.

On tente d'éradiquer d'Europe, dans un programme réparti sur plusieurs années, l'érismature rousse (*Oxyura jamaicensis*), canard originaire des Caraïbes qui menace par hybridation et

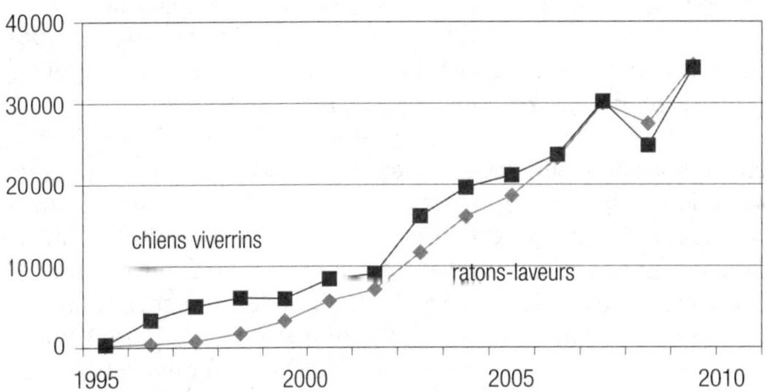

Campagnes de réduction du nombre de chiens viverrins et de ratons-laveurs, en Allemagne de 1995 à 2008. L'élimination de ces mammifères nuisibles a fortement augmenté, tout en restant en dessous de l'accroissement de la population. Leur dissémination n'a pas pu être évitée. En ordonnée : nombre d'individus abattus.

Sources : d'après www.jagd-online.de.

compétition directe l'existence de l'érismature à tête blanche européenne (*O. leucocephala*) (Kestenholz *et al.* 2005). Le tadorne casarca d'Asie centrale (*Tadorna casarca*), habitant les steppes de cette région, est un cas comparable, car il défend de manière particulièrement agressive les cavités de nidifications contre les espèces indigènes et empêche celles-ci d'élever leur progéniture. La plus grande population habite en Suisse, où elle est soumise à un abattage ciblé depuis quelques années. Des actions complémentaires dans le reste de l'Europe seraient indispensables.

Par le passé, des espèces invasives ont pu se développer avec des conséquences dramatiques, notamment, comme nous l'avons vu, sur des îles. De même pouvons-nous constater que les îles conviennent aussi particulièrement bien aux programmes d'éradication. Dans sa synthèse, Genovesi (2007) mentionne plus de 150 exemples de milieux insulaires, où des mammifères invasifs ont été exterminés avec succès. Le plus souvent, il s'agissait de rats européens, de renards, de chats, de chèvres, de sangliers, etc. Orueta et Ramos (1998) énumèrent les méthodes disponibles pour de tels programmes.

Les invertébrés aussi peuvent être éliminés. Un exemple européen classique concerne un moustique à malaria tropical (*Anopheles*), qui a été éradiqué de Sardaigne entre 1946 et 1951 avant tout par l'assèchement de zones marécageuses et l'application d'insecticides à grande échelle. La mouche méditerranéenne des fruits (*Ceratitis capitata*), originaire d'Afrique, a également été chassée de Nouvelle-Zélande et de Californie au moyen d'insecticides. Pour la lucilie bouchère (*Cochliomyia hominivorax*), originaire d'Amérique centrale, redoutable parasite du bétail involontairement introduit en Afrique du Nord, on a utilisé la « technique des mâles stériles » : on élève des mouches en masse, les mâles sont stérilisés par irradiation et relâchés par milliards. Les femelles ne s'accouplent qu'une fois au cours de leur vie et celles présentes à l'endroit du lâcher restent inféćondées. La population diminue et finalement s'éteint. La lucilie bouchère a également été éradiquée dans les années 1980 et 1990 aux Etats-Unis, pays où cette technique fut développée à l'origine, après quoi on l'utilisa dans de nombreuses régions d'Amérique centrale. Sur de petites îles, il fut également possible d'éliminer une espèce de fourmi invasive en épandant un grand nombre d'appâts empoisonnés auxquels seules les fourmis avaient accès.

La convention de Berne, adoptée en 1979, a proposé en 1995 dans sa Recommandation n° 77 l'éradication de 11 vertébrés invasifs non indigènes : le vison américain (*Neovison vison*), le rat musqué (*Ondatra zibethicus*), le ragondin (*Myocastor coypus*), le cerf Sika (*Cervus nippon*), l'écureuil gris américain (*Sciurus carolinensis*), l'érismature rousse (*Oxyura jamaicensis*), le raton-laveur (*Procyon lotor*), le chien viverrin (*Nyctereutes procyonoides*), le castor du Canada (*Castor canadensis*), la tortue à tempes rouges (*Trachemys scripta*) et la grenouille taureau (*Lithobates catesbeianus*). Cependant, jusqu'à présent, aucune de ces espèces n'a été effectivement éliminée en Europe.

Rôle de la recherche

De solides connaissances scientifiques sont indispensables pour maîtriser de telles opérations. C'est en commun, entre les Etats européens, que des recherches doivent être poursuivies et financées, couvrant les domaines suivants :

– Recherches taxinomiques (classification des espèces), afin de connaître mieux les espèces invasives, leur diversité génétique, leur origine, les espèces apparentées en Europe et pour établir des critères d'identification précis.

– Analyse précise de la répartition géographique (*monitoring*) de l'espèce, y compris les possibilités de prévention, de dépistage précoce, de contrôle des voies de dissémination, ainsi que l'information et l'intégration du public.

– Impact de l'espèce dans son nouvel habitat, à tous les niveaux de l'écosystème.

– Effets sur l'économie, sur la santé humaine ; répercussions sociales.

– Moyens permettant une atténuation des dégâts, allant jusqu'à l'éradication de l'espèce invasive dans la région nouvellement occupée.

8

BASES LÉGALES ET JURIDIQUES

L'engagement pris par les Etats sur la biodiversité après la Convention de Rio de 1992

Plusieurs accords ont été signés par la plupart des Etats européens et d'autres Etats du monde entier au sujet de l'attitude à adopter envers les espèces non indigènes ou invasives. Depuis les années 1980 s'est développé un réseau dense de mécanismes de régulations, souvent de portée plus générale et plus cohérent que les réglementations au niveau national.

La Convention de Berne est un contrat de droit international du Conseil de l'Europe sur «le maintien de la faune et de la flore sauvages européennes et de leurs habitats naturels». Elle date de 1979, est entrée en vigueur en Suisse dès 1982, 1983 en Autriche, 1984 en Allemagne et 1990 en France. Ce document visant la protection des espèces indigènes et de leurs milieux naturels requiert des Etats membres de contrôler l'arrivée d'espèces non indigènes et recommande d'interdire qu'on les lâche dans l'environnement. Un complément (Recommandation n° 77 de 1995) énumère onze espèces non indigènes de vertébrés qui devraient être éradiquées, comme nous l'avons vu au chapitre précédent.

La Convention sur la biodiversité fut négociée lors de la Conférence de Rio en 1992, et elle a pris force de loi par engagement international en Allemagne depuis 1993, en Suisse et en Autriche depuis 1994. La France, se fondant sur cette convention, a rédigé en 2004 et révisé en 2011 sa Stratégie nationale pour la biodiversité. L'article 8h du document international se réfère aux espèces invasives:

«Chaque partie contractante évitera, dans la mesure du possible et pour autant que cela soit nécessaire, l'apport d'espèces non indigènes qui menacent les écosystèmes, habitats ou espèces, et contrôlera ou éliminera ces espèces».

Cent quatre-vingt-onze Etats sont membres de la Convention (à l'exception de la Somalie et des Etats-Unis) et 168 l'ont ratifiée à ce jour. Presque tous les Etats du monde ont donc pris l'engagement d'agir contre les espèces non indigènes. L'article 8h a donc fixé la norme admise internationalement en ce domaine.

En plus de ces deux conventions de référence, une succession d'accords internationaux particuliers a concerné notre sujet, dans le cadre de l'Organisation mondiale du commerce (OMC) et de la Convention internationale pour la protection des plantes (IPPC), notamment avec la participation de l'Organisation européenne et méditerranéenne pour la protection des plantes (OEPP). Ces accords engagent leurs signataires à respecter un certain nombre de mesures phytosanitaires pour éviter la propagation de ravageurs des plantes. Mentionnons encore la Convention sur le droit de la mer, la Convention de Bonn sur la conservation des espèces migratrices de la faune sauvage, la Convention sur la protection des Alpes et les directives sur la protection des oiseaux.

La Convention internationale pour le contrôle et la gestion des eaux de ballast et sédiments des navires s'adresse à la pratique des bateaux que nous avons décrite et cherche à repousser ces apports problématiques aux mers et océans à plus de 200 milles des côtes. Cette réglementation concerne une source importante de dissémination d'espèces marines non indigènes. Bien que cette convention ait été adoptée en 2004 par l'Organisation maritime internationale, seuls 18 Etats, quand paraît cet ouvrage, ne représentant pas plus de 15% du tonnage mondial, ont ratifié la convention; 30 Etats seraient nécessaires pour la valider, avec 35% du tonnage mondial. Cette inadéquation entre la loi et les pratiques montre à quel point il est difficile d'instaurer des mesures concrètes (Miller *et al.* 2006).

L'Union européenne en manque d'un quartier général pour la gestion des espèces invasives

L'Union européenne a donné suite à la Convention de Berne en adoptant en 2003 une « Stratégie européenne au sujet des espèces exotiques envahissantes ». Elle est non contraignante et contient des propositions que les différents Etats membres sont invités à prendre en considération dans leurs stratégies nationales. Une nouvelle version de cette « Stratégie », actuellement en révision, prévoit que les mesures contre les espèces invasives ne visent pas seulement la protection de la biodiversité, mais la protection de l'économie européenne et la santé humaine. On envisage pour appliquer ces dispositions de créer une autorité centrale européenne.

A part cela, le système juridique de l'UE concernant les espèces invasives se caractérise par une confusion d'ordonnances traitant des cas particuliers. Ainsi, pour l'instant, l'importation de la tortue à tempes rouges (*Trachemys scripta elegans*) et du crapaud taureau (*Lithobates catesbeianus*) est interdite en vertu de l'ordonnance de protection des espèces de l'UE. Bien que celle-ci, par la mise en pratique des règles dites de CITES, vues plus haut, s'adresse en premier lieu au commerce d'espèces particulièrement protégées, il est possible, au moyen de l'Appendice B (accrochons-nous pour suivre ces contorsions juridiques) d'inclure également des espèces dont la mise en liberté présente un danger écologique pour la faune et la flore indigènes. Pratiquement, six espèces animales sont présentement affectées par des restrictions commerciales. Ajoutons une série de décisions sur des cas particuliers, par exemple, en 1999, pour éviter l'importation du capricorne asiatique (*Anoplophora glabripennis*) ou en 2001 pour interdire l'importation de bois de conifères non traité d'Amérique ou de l'Asie de l'Est.

C'est pour sortir d'une situation embrouillée et par recherche d'un effet de synergie que la création d'une nouvelle autorité européenne est souhaitée. Trop d'interventions sont décidées en parallèle, trop de projets importants restent en suspens et trop d'informations ne sont pas disponibles pour les personnes qui en auraient besoin. On voudrait, en orthographe britanique, qu'un *European Centre for Invasive Species Management* (Centre européen pour la gestion des espèces invasives) rassemble les informations, communique les connaissances, forme des spécialistes, stimule la recherche de documentation et harmonise les législations (Hulme *et al.* 2009a, 2009b). Une telle institution affinerait la sensibilité des Européens face à la biosécurité, dont les principes restent ignorés dans de larges couches de la population.

La réglementation suisse

En Suisse, la transposition dans la législation nationale des engagements découlant de la ratification de la Convention de Berne et de la Convention sur la biodiversité n'est pas encore réalisée de manière satisfaisante. Mais il faut mentionner l'Ordonnance sur la dissémination dans l'environnement, révisée en 2008, où, pour la première fois, la Confédération propose une réglementation complète sur les espèces invasives. Elle interdit l'utilisation d'organismes invasifs dans l'environnement. Elle astreint la Confédération à la mise sur pied d'un système de surveillance (*monitoring*). Elle présente une liste d'espèces invasives interdites (11 plantes et 3 animaux jusqu'à présent), ce qui implique évidemment que leur présence soit combattue, puisqu'elles créent des problèmes. Il s'agit même d'espèces particulièrement invasives, mais depuis longtemps la mise en application des lois en ce domaine est lacunaire. On verra si les espoirs mis dans l'Ordonnance version 2008 se réalisent. Déjà la modeste liste de 14 espèces invasives devrait être actualisée et adaptée aux réalités de la Suisse, car le champ de ces luttes pour la biodiversité a de plus vastes proportions.

Il est vrai que par ailleurs une multitude de réglementations ponctuelles sont apparues, par exemple dans la loi sur l'environnement, la loi sur la protection de la nature et du patrimoine, les ordonnances sur la pêche et la chasse, l'ordonnance sur les aliments pour animaux ou sur la protection des végétaux. Depuis 1994, des restrictions sont en vigueur pour la mise à l'eau de truites arc-en-ciel américaines, mais sont venues s'y ajouter une série d'exceptions. En outre, la nature politique de la Suisse implique que ces lois, édictées sur le plan fédéral, relèvent des 26 cantons pour leur application et leur contrôle, qui s'exécutent de manière plus ou moins stricte.

Principaux problèmes liés aux espèces non indigènes, en divers secteurs économiques.

	Plantes				Animaux			
	introduction passive	dissémination involontaire	importation, exportation	dissémination	introduction passive	dissémination involontaire	importation, exportation	dissémination
protection de la nature	+	+	+	+	+	+	+	+
protection des végétaux	+	+			+	+		
agriculture	+	+	+	+	+	+	+	
économie forestière	+	+	+	+	+	+		
chasse				+				+
apiculture		+	+	+	+			
pêche					+	+	+	+
économie hydraulique	+	+	+	+	+	+		
jardins, espaces verts, plantes ornementales	+	+	+	+				
commerce d'animaux, élevage					+	+	+	+
transports et circulation	+	+			+	+		

On repère ici les domaines où l'on se heurte à des difficultés sur le plan juridique.

Source : d'après Hubo *et al.* (2007).

Le principe du pollueur-payeur

Comme dans bien d'autres domaines de l'économie, le principe du pollueur-payeur concerne les activités liées aux espèces invasives et la société est amenée à comprendre que les dégâts soient pris en charge par celui qui les cause (Nentwig 2007). Concrètement, cela signifie que l'importateur ou le vendeur d'une espèce vivante peut être rendu légalement responsable pour les dégâts ultérieurs qui pourraient survenir à la suite d'une manutention incorrecte de cette plante ou de cet animal, notamment sa mise en liberté. Une pression se trouve dès lors exercée au niveau de l'entreprise, dont les responsables peuvent mesurer leurs risques. L'effet positif, pour la société, c'est que le trafic d'espèces extra-européennes devienne en général moins attractif. Les commerçants vont devoir se prémunir en concluant des assurances. Cela conduit à des prix de vente plus élevés et ce frein n'est pas un mal. De plus, les vendeurs vont également se protéger, sous l'incitation des assurances, en demandant aux clients de garantir par écrit qu'ils assument la responsabilité de tous les dégâts éventuels. Il ne faut pas cacher qu'il est souhaitable que ce commerce-là, de manière générale, cesse ou se limite à certaines niches bien contrôlables. Il en va de la biodiversité.

Si nous examinons les voies d'expansion des espèces non indigènes actuelles en Europe, on constate qu'une application stricte du principe du pollueur-payeur toucherait le commerce de plantes et d'animaux, les propriétaires de jardins, d'étangs et de parcs zoologiques, les pêcheurs ainsi que les opérateurs d'installations d'aquaculture. En pratique, une telle réglementation conduirait à ce que toute utilisation potentielle d'espèces extra-européennes soit considérée avec davantage d'attention. On pourrait leur préférer des alternatives. Un nombre croissant de poissons ou de passereaux européens serait choisis pour être montrés en cage ou comme animaux de compagnie. Ceux-ci se sont mieux adaptés aux conditions de captivité depuis des générations. On peut envisager d'autres progrès, enclos plus sûrs, matériel végétal excédentaire traité comme déchets spéciaux et incinérés plutôt que mis au rebut, etc.

Quelles importations ciblées d'espèces non indigènes pourraient-elles être admises? Les Etats concernés ne devraient admettre que l'introduction d'une espèce dont il est improbable qu'elle menace la biodiversité et il incomberait au requérant d'en fournir la preuve. Toute autorisation exigerait des études détaillées sur la dissémination de l'espèce en question ou la conclusion d'une assurance de responsabilité civile. La demande devrait faire apparaître clairement que les avantages d'une telle introduction excèdent les risques. Sans doute resterait-il peu de projets qui puissent passer la rampe.

9

INFORMATION ET SPHÈRE PUBLIQUE

L'opinion publique face aux espèces invasives

Les problèmes liés aux espèces invasives sont apparus depuis peu d'années dans les médias européens. L'Amérique du Nord, l'Australie et la Nouvelle-Zélande se sont émues bien plus tôt. Sur le sujet, les connaissances du public ne sont pas très étendues et les idées préconçues fourmillent.

Il serait utile de faire connaître la différence, par exemple, entre une espèce d'Europe méridionale qui étend son aire de répartition vers le Nord par une expansion naturelle et une espèce qui a franchi l'océan pour s'implanter chez nous, uniquement par la volonté d'amateurs, de partenaires commerciaux ou d'autres promoteurs. Une constatation scientifique doit être largement connue : c'est lorsque les espèces venues d'ailleurs deviennent nombreuses qu'elles portent atteinte à la biodiversité indigène, qu'elles nuisent à l'économie par les dégâts et les coûts, et parfois portent aussi atteinte à la santé humaine (Nentwig 2007). Il importe donc que les efforts de protection de la nature se concentrent en priorité sur la nature européenne elle-même. Il faut résister à l'expansion des espèces non indigènes par des mesures qui peuvent aller jusqu'à l'éradication.

L'approche émotionnelle est mauvaise conseillère, surtout si l'espèce invasive est un mammifère. Des oiseaux invasifs ont malheureusement suscité fréquemment des campagnes pour leur défense et les médias ont ameuté la population. Dans ce contexte, il est utile que des scientifiques et des politiciens bien informés et respectés prennent position sans équivoque. Il est essentiel qu'ils ajoutent aux éclaircissements scientifiques et aux travaux législatifs l'expression de leur volonté politique. Ainsi peuvent être appliquées les mesures nécessaires. Ainsi peut-on passer des paroles aux actes.

Les associations dont la vocation est de protéger la nature exercent une importante fonction comme faiseurs d'opinion. Il serait bon qu'on puisse compter sur leurs responsables pour une réflexion approfondie sur le rôle négatif des espèces extra-européennes, si dangereuses pour la biodiversité. De leur part, des prises de position claires et publiques motiveraient leurs membres et le public pour des actions d'endiguement. Le travail bénévole crée la dynamique qui permet d'atteindre d'autres couches de la population.

Certains groupes comme les chasseurs, les pêcheurs, les propriétaires de forêts ou de jardins, les architectes-paysagistes, les aquariophiles, les éleveurs d'animaux de compagnie, ainsi que les commerces de plantes et d'animaux, disposant de bonnes connaissances dans leur domaine, sont invités à prendre conscience de certaines attitudes incorrectes. Plusieurs d'entre eux, sur le plan juridique, ont bénéficié de généreuses réglementations d'exception et d'un accès facilité aux espèces non indigènes. Mais parfois leurs représentants défendent des intérêts particuliers dans l'ignorance de l'ample problématique que ces pages ont tenté d'exposer. C'est à eux, notamment, que doit s'adresser cet effort d'information.

Systèmes d'information et listes noires

Le façonnement de l'opinion publique dépend de l'accessibilité de connaissances sûres. Actuellement, la plus grande partie des données concernant les espèces non indigènes provient de sources diverses et éparpillées. Souvent elles ne parviennent qu'à des milieux spécialisés. Certaines maisons d'édition scientifiques les fournissent contre paiement. Malheureusement, dans de nombreux cas, les faits détaillés nous manquent. On peut formuler dès lors deux souhaits. Que l'accès soit libre aux résultats des recherches, d'ailleurs souvent financées par les deniers publics. Que les données sur les plantes et les animaux invasifs soient rassemblées en certains lieux précis.

Citons à cet égard parmi les bases de données de réputation internationale la *Global Invasive Species Database*, qui a réalisé les fiches signalétiques des 100 espèces invasives les plus nuisibles. En Europe, la source la plus complète et à jour est DAISIE, comprenant actuellement 11 000 espèces non indigènes et un répertoire de 2000 experts. DAISIE (voir page 26) a également établi les fiches signalétiques des 100 espèces invasives les plus nuisibles pour l'Europe. NOBANIS, avec son *European Network on Invasive Alien Species*, le *CIESM Atlas of Exotic Species in the Mediterranean* et la *European Plant Protection Organisation* (EPPO) offrent d'autres bases de données, en partie de type spécialisé. Des informations complètes sur les «néophytes» se trouvent sur les sites Floraweb et CPS-SKEW (voir les adresses internet page 133).

A l'échelle européenne, cependant, aucune de ces bases de données n'est complète au point de fournir l'ensemble des informations nécessaires et souhaitables sur une espèce donnée. Souvent, il manque des détails sur la répartition d'une espèce, sa tendance actuelle à se disperser, une évaluation des dégâts au plan régional, des renseignements sur les luttes en cours et d'autres mesures semblables. D'où l'appel qu'il convient de lancer ici pour la réalisation d'une compilation permanente des données, avec une détection des urgences à l'échelle du continent.

Il reste à mettre sur pied, à cet égard, des «listes noires», outil bien utile pour mettre en évidence, parmi les milliers d'espèces introduites, celles qui exigent des mesures particulières (Essl *et al.* 2008). Il serait interdit d'introduire les espèces ainsi désignées ou d'en faire commerce. Leur présence et leur répartition seraient particulièrement surveillées et elles seraient candidates privilégiées pour des mesures d'éradication. Ces listes noires seraient élaborées par discussion entre spécialistes et régulièrement corrigées, se référant particulièrement à un terrain d'action, Etat ou région de grande taille.

Les listes noires pourraient être accompagnées de «listes d'avertissement», ou listes d'observation, sur lesquelles figureraient des espèces susceptibles de s'établir en Europe dans un proche avenir.

RACISME ?

La discussion sur les espèces invasives (indésirables) et indigènes (désirables) peut parfois dévier vers le domaine émotionnel et se teinter d'une pointe de racisme. Souvent cela part d'une question de vocabulaire, lorsqu'en allemand, tout comme en français, on oppose de manière malencontreuse les espèces étrangères ou non indigènes à celles qui sont indigènes ou typiques d'un territoire donné. Ce sont des termes, qui dans les débats sur ce qui vient d'ailleurs, sur la police des étrangers ou sur la xénophobie, ont une connotation chargée et font aisément déraper vers le racisme.

Il n'y a aucun rapport, il faut particulièrement insister sur ce fait, entre des mesures de prévention contre la flore et la faune non indigènes et la xénophobie chez les humains. Dans ce dernier cas, le statut d'« étranger », par exemple, se réfère à un système d'Etats et de frontières nés d'une détermination politique. Dans les controverses sur les migrations, la référence à des « races » est intenable, car il n'existe pas de telles délimitations, circonscrites scientifiquement, chez l'être humain. En revanche, pour les plantes et les animaux, la science s'applique à différencier les espèces qui proviennent de tous les domaines d'une systématique et produisent des effets mesurables.

Par ailleurs, il y a des expressions d'une tournure scientifique flatteuse, telles que néophytes, néozoaires, néoflore et néobiote, qui relèvent d'un choix de mots assez malencontreux. Le préfixe « néo » (en grec : nouveau) suggère quelque chose de positif et de moderne, dans le sens d'une innovation. De même, l'usage de termes comme naturalisation ou établissement minimisent l'importance de phénomènes qui sont tout sauf naturels.

En anglais, on parle d'*alien species*, et de son pendant *native species*, ce qui est moins problématique. Une désignation à peu près correcte en allemand comme en français est *indigène* et *non indigène*, se référant à l'habitat ou à la région. Il est judicieux de choisir une référence régionale à grande échelle et de traiter l'Europe comme un tout, ce qui permet de parler d'espèces européennes et extra-européennes.

Sur l'usage de ces mots, voir aussi la « Note du traducteur » en début d'ouvrage.

BIBLIOGRAPHIE

ABHILASHA D., QUINTANA N., VIVANCO J., JOSHI J., «Do allelopathic compounds in invasive *Solidago canadensis* s.l. restrain the native European flora?», *J. Ecol.* 96, 2008, pp. 993-1001.

ALDERMAN D. J., POLGLASE J. L., FRAYLING M., «*Aphanomyces astaci* pathogenicity under laboratory and field conditions», *J. Fish. Diseases* 10, 1987, pp. 385-393.

ATKINSON I. A. E., «The spread of commensal species of *Rattus* to oceanic islands and their effect on island avifaunas», in MOORS P.-J. (éd.), *Conservation of Island Birds*, ICBP, *Techn. Publ.* : 3, 1985, pp. 35-81.

BAUR B., SCHMIDLIN S., «Effects of invasive non-native species on the native biodiversity in the river Rhine», in NENTWIG W. (éd.), *Biological Invasions*, Springer, Berlin, 2007, pp. 257-273

BERTOLINO S., GENOVESI P., «Spread and attempted eradication of the grey squirrel (*Sciurus carolinensis*) in Italy, and consequences for the red squirrel (*Sciurus vulgaris*)», *Eurasia. Biol. Cons.* 109, 2003, pp. 351-358.

BRINGSØE H., «NOBANIS – Invasive Alien Species Fact Sheet – *Trachemys scripta*», www.nobanis.org, 2006.

BROWN M. J., ADRIAENS T., BATHON H., CUPPEN J., GOLDARAZENA A., HÄGG T., KENIS M., KLAUSNITZER B. E. M., KOVÁ I., LOOMANS A. J. M., MAJERUS M. E. N., NEDVED O., PEDERSEN J., RABITSCH W., ROY H. E., TERNOIS V., ZAKHAROV I. A., ROY D. B., «*Harmonia axyridis* in Europe: spread and distribution of a non-native coccinellid», *BioControl* 53, 2008, pp. 5-21.

CALDWELL S. T., SCHUMAN S. H., SIMPSON W. M. Jr., «Fire ants : a continuing community health threat in South Carolina», *J. S. Carolina Med. Assoc.* 95, 1999, pp. 231-235.

CANNON R. J. C., BAKER R. H. A., TAYLOR M., MOORE J. P., «A review of the pest status of the New Zealand flatworm in the U.K.», *Ann. Appl. Biol.* 135, 1999, pp. 597-614.

DAISIE, *Delivering Alien Invasive Species Inventories for Europe*, Springer, Dordrecht, 2009.

DESHAZO R. D., WILLIAMS D. F., MOAK E. S., «Fire ant attacks on residents in health care facilities: a report of two cases», *Ann. Intern. Med.* 131, 1999, pp. 424-429.

DESPREZ-LOUSTEAU M. L., «*Ophiostoma novo-ulmi*», in *Delivering alien invasive species inventories for Europe*, www.europe-aliens.org, 2006.

DICK J. T., PLATVOET D., «Invading predatory crustacean *Dikerogammarus villosus* eliminates both native and exotic species», *Proc. R. Soc. Lond.* B 267, 2000, pp. 977-983.

EDWARDS C. A., ARANCON N. Q., VASKO-BEBBETT M., LITTLE B., ASKAR A., «The relative toxicity of metaldehyde and iron phosphate-based molluscicides to earthworms», *Crop Protection* 28, 2008, pp. 289-294.

ELTON C., *The Ecology of Invasions by Animals and Plants*, Methuen, Londres, 1958.

ESSL F., KLINGENSTEIN F., NEHRING S., OTTO C., RABITSCH W., STÖHR O., «Schwarze Listen invasiver Arten – ein Instrument zur Risikobewertung für die Naturschutzpraxis», *Natur & Landschaft* 83, 1958, pp. 418-424.

COMMISSION EUROPÉENNE, *Vers une stratégie de l'UE relative aux espèces envahissantes*, COM (2008) 789, Commission européenne, Bruxelles, 2008.

GALIL B. S., NEHRING S., PANOV V., «Waterways as invasion highways – impact of climate change and globalization», in NENTWIG W. (éd.), *Biological Invasions*, Springer, Berlin, 2007, pp. 59-74.

GALOIS P., «Turtle nest sensory perception by racoon (*Procyon lotor*) and striped skunk (*Mephitis mephitis*): an approach through discrimination learning of potential nest cues», *PhD thesis*, McGill University Montréal, 1996.

GEISSLER E., *Biologische Waffen – nicht in Hitlers Arsenalen*, Lit-Verlag, Münster, 1998.

Genovesi P., « Limits and potentialities of eradication as a tool for addressing biological invasions », in Nentwig W. (éd.), *Biological Invasions*, Springer, Berlin, 2007, pp. 385-402.

Graham W. M., Bayha K. M., « Biological invasions by marine jellyfish », in Nentwig W. (éd.), *Biological Invasions*, Springer, Berlin, 2007, pp. 239-255

Hänfling B., Bolton P., Harley M., Carvalho G.-R., « A molecular approach to detect hybridisation between crucian carp (*Carassius carassius*) and non-indigenous carp species (*Carassius* spp. and *Cyprinus carpio*) », *Freshwater Biol* 50, 2005, pp. 403-417.

Hänggi A., Bolzern A., « *Zoropsis spinimana* (Araneae : Zoropsidae) neu für Deutschland », *Arachnol. Mitt.* 32, 2006, pp. 8-10.

Harris D. B., « Review of negative effects of introduced rodents on small mammals on islands », *Biol. Invas.* 11, 2009, pp. 1611-1630.

Hertwig S. T., Schweizer M., Stepanow S., Jungnickel A., Böhle U. R., Fischer M.-S., « Regionally high rates of hybridization and introgression in German wildcat populations (*Felis silvestris*, *Carnivora, Felidae*) », *J. Zool. Syst. Evol. Res.* 47, 2009, pp. 283-297.

Hubo C., Jumpertz E., Krott M., Nockemann L., Steinmann A., Bräuer I., « Grundlagen für die Entwicklung einer nationalen Strategie gegen invasive gebietsfremde Arten », *Bundesamt für Naturschutz Skripten* 213, 2007, pp. 1-387.

Hufbauer R. A., Torchin M. E., « Integrating ecological and evolutionary theory of biological invasions », in Nentwig W. (éd.), *Biological Invasions*, Springer, Berlin, 2007, pp. 79-96.

Hulme P. E., Bacher S., Kenis K., Klotz S., Kühn I., Minchin D., Nentwig W., Olenin S., Panov V., Pergl J., Pyšek P., Roques A., Sol D., Solarz W., Vilà., M., « Grasping at the routes of biological invasions : a framework for integrating pathways into policy », *J. Appl. Ecol.* 45, 2008, pp. 403-414.

Hulme P. E., Nentwig W., Pyšek P., Vilà M., « Common market, shared problems : time for a coordinated response to biological invasions in Europe ? », *Neobiota*, 2009a, pp. 3-19.

Hulme P. E., Pyšek P., Nentwig W., Vilà M., « Will threat of biological invasions unite the European Union ? », *Science* 324, 2009b, pp. 40-41.

HUMAN K. G., GORDON D. M., « Exploitation and interference competition between the invasive Argentine ant, *Linepithema humile*, and native ant species », *Oecologia* 105, 1995, pp. 405-412.

ISAÄCSON M., « Airport malaria : a review », *Bull WHO* 67, 1989 pp. 737-743.

ISERMANN M., « Classification and habitat characteristics of plant communities invaded by the non-native *Rosa rugosa* Thunb. in NW Europe », *Phytocoenologia* 38, 2008, pp. 133-150.

JANSSON K., JOSEFSSON M., WEIDEMA I., NOBANIS – Invasive alien species fact sheet – *Branta canadensis*, www.nobanis.org, 2008.

JESCHKE M. J., STRAYER D. L., « Invasion success of vertebrates in Europe and North America », *PNAS* 102, 2005, pp. 7198-7202.

KAUHALA K., « Introduced carnivores in Europe with special reference to central and northern Europe », *Wildlife Biol* 2, 1996, pp. 197-204.

KEGEL B., *Die Ameise als Tramp*, Ammann, Zurich, 1999.

KENIS M., RABITSCH W., AUGER-ROZENBERG M.-A., ROQUES A., « How can alien species inventories and interception data help us prevent insect invasions ? », *Bull. Entomol. Res.* 97, 2007, pp. 489-502.

KESTENHOLZ M., HEER L., KELLER V., « Etablierte Neozoen in der europäischen Vogelwelt – eine Übersicht », *Ornithol Beobachter* 102, 2005, pp. 153-180.

KNOLL L. B., SARNELLE O., HAMILTON S. K., KISSMAN C. E. H, WILSON A. E., Rose J. B., Morgan M. R., « Invasive zebra mussels (*Dreissena polymorpha*) increase cyanobacterial toxin concnetrations in low-nutrient lakes », *Can. J. Fish. Aquat. Sci.* 65, 2008, pp. 448-455.

KOBELT M., NENTWIG W., « Alien spider introductions to Europe supported by global trade », *Divers. Distrib.* 14, 2008, pp. 273-80.

KÖNIG D., « *Spartina townsendii* an der Westküste von Schleswig-Holstein », *Planta* 36, 1948, pp. 34-70.

KOWARIK I., VON DER LIPPE M., « Pathways in plant invasions », in NENTWIG W. (éd.) *Biological Invasions*, Springer, Berlin, 2007, pp. 29-47.

KOWARIK I., *Biologische Invasionen : Neophyten und Neozoen in Mitteleuropa*, Ulmer, Stuttgart, 2003

LEPCZYK C. A., MERTIG A. G., LIU J., «Landowners and cat predation across rural to urban landscapes», *Biol. Cons.* 115, 2003, pp. 191-201.

MAJERUS M., STRAWSON V., ROY H., «The potential impacts of the arrival of the harlequin ladybird, *Harmonia axyridis* (Pallas) (Coleoptera: Coccinellidae), in Britain», *Ecol. Entomol.* 31, 2006, pp. 207-215.

MARAN T., HENTTONEN H., «Why is the European mink (*Mustela lutreola*) disappearing – a review of the process and hypotheses», *Ann. Zool. Fenn.* 32, 1995, pp. 47-54.

MARSHAL J. P., BLEICH V. C., ANDREW N. G., «Evidence for interspecific competition between feral ass *Equus asinus* and mountain sheep *Ovis canadensis* in a desert environment», *Wildlife Biology* 14, 2008, pp. 228-236.

MCLEOD S. R., POPLE A. R., *Modelling management options for management of feral camels in central Australia*, DKCRC Research Report 48, Desert Knowledge CRC, Alice Springs, 2008.

MCNEELY J. A., (éd.), *The Great Reshuffling: Human Dimensions of Invasive Alien Species*, IUCN, Gland, 2001.

MEYER A. H., SCHMIDT B. R., GROSSENBACHER K., «Analysis of three amphibian populations with quarter-century long times Series», *Proc R Soc Biol Ser*, 265, 1998, pp. 523-528.

MILLER C., KETTUNEN M., SHINE C., *Scope options for EU action on invasive alien species (IAS),* Final report for the European Commission, Institute for European Environmental Policy (IEEP), Bruxelles, 2006.

MINCHIN D., GOLLASCH S., «Vectors – how exotics get around», in LEPPÄKOSKI E., GOLLASCH S., OLENIN S., (éd.), *Invasive Aquatic Species of Europe. Distribution, Impact and Management*, Kluwer, Dordrecht, 2002, pp. 183-192.

MITCHELL-JONES A. J., AMORI G., BOGDANOWICZ W., KRYŠTUFEK P. J., REIJNDERS H., SPITZENBERGER F., STUBBE M., THISSEN J. B. M., VOHRALÍK V., ZIMA J., «The atlas of European mammals», *Poyser Natural History*, Londres, 1999.

MYERS J. H., BAZELY D. R., *Ecology and Control of Introduced Plants*, Cambridge University Press, Cambridge, 2003.

NENTWIG W., *Humanökologie*, Springer, Heidelberg, 2005.

NENTWIG W., Biological invasions*, Ecological Studies* 193, Springer, Berlin, 2007.

ORUETA J. F., RAMOS Y. A., «Methods to control and eradicate non native terrestrial vertebrate species», *Standing committee of the convention on the conservation of European wildlife and natural habitats*, T-PVS (98) 67, Council of Europe, Strasbourg, 1998.

OTA (1993), *Harmful non indigenous species in the United States*, Office of Technology Assessment, Washington, DC, Government Printing Office.

PEKAR S., «*Zodarion rubidum* Simon 1914 : railroad riders ? », *Newslett. Br. Arachnol. Soc.* 95, 2002, pp. 11-12.

RICHARDSON A. J., BAKUN A., HAYS G. C., GIBBONS M. J., «The jellyfish joyride : causes, consequences and mangement responses to a more gelatinous future» *TREE 24*, 2009, pp. 312-322.

PETERKEN G. F., MOUNTFORD E. P., «Long-term change in an unmanaged population of wych elm subjected to Dutch elm disease», *J. Ecology* 86, 1998, pp. 205-218.

PIMENTEL D., ZUNIGA R., MORRISON D., «Update on the environmental and economic costs associated with alien-invasive species in the United States», *Ecol. Econ.* 52, 2005, pp. 273-288.

PROBST R., *Wolladventivflora Mitteleuropas*, Vogt-Schild, Soleure, 1949.

PYŠEK P., COCK M. J. W., NENTWIG W., RAVN H. P., *Ecology and management of giant hogweed* (*Heracleum mantegazzianum*), CABI, Wallingford, 2007.

PYŠEK P., PRACH K., «Plant invasions and the role of riparian habitats : a comparison of four species alien to Central Europe», *J. Biogeogr.* 20, 1993, pp. 413-420.

PYŠEK P., SÁDLO J., MANDÁK B., «Catalogue of alien plants of the Czech Republic», *Preslia* 74, 2002, pp. 97-186.

PYŠEK P., SÁDLO J., MANDÁK B., JAROSIK V., «Czech alien flora and the historical pattern of its formation : what came first to Central Europe», *Oecologia* 135, 2003, pp. 122-130.

REINHARDT F., HERLE M., BASTIANSEN F., STREIT B., *Ökonomische Folgen der Ausbreitung von Neobiota*, n° 79/2003, Umweltbundesamt, Berlin, 2003.

ROQUES A., RABITSCH W., RASPLUS J.-Y., LOPEZ-VAAMONDE C., NENTWIG W., KENIS M., «Alien terrestrial invertebrates of Europe», in DAISIE (éd.), *Handbook of Alien Species in Europe*, Springer, Dordrecht, 2009, pp. 63-79.

RHYMER J. M., SIMBERLOFF D., «Extinction by hybridization and introgression», *Annu. Rev. Ecol. Syst.* 27, 1996, pp. 83-109.

SAINSBURY A. W., NETTLETON P., GILRAY J., GURNELL J., «Grey squirrels have high seroprevalence to a parapoxvirus associated with deaths in red squirrels», *Animal Cons.* 3, 2000, pp. 229-233.

SELLENSCHLO U., WEIDNER H., *Vorratschädlinge und Hausungeziefer: Bestimmungstabellen für Mitteleuropa*, Spektrum, Heidelberg, 2003.

SIHVONEN L., «Documenting freedom from disease and re-establishing a free status after a breakdown rabies», *Acta. Vet. Scand.* 94, 2001, pp. 89-91.

SORVILLO F., ASH L. R., BERLIN O. G. W., YATABE J. A., DEGIORGIO C., MORSE S. A., «*Baylisascaris procyonis*: an emerging helminthic zoonosis», *Emerg. Infect. Dis.* 8, 2002, pp. 355-359.

STRUBBE D., MATTHYSEN E., «Experimental evidence for nest-site competition between invasive ring-necked parakeets (*Psittacula krameri*) and native nuthatches (*Sitta europaea*)», *Biol. Cons.* 142, 2009, pp. 1588-1594.

SURES B., KNOPF K., «Parasites as a threat to freshwater eels?», *Science* 304, 2004, pp. 208-209.

TAPPER S., (éd.), *A Question of Balance: Game Animals and their Role in the British Countryside*, The Game Conservancy Trust, Hampshire, 1999.

THIENGO S. C., FARACO F. A., SALGADO N. C., COWIE R. H., FERNANDEZ M. A., «Rapid spread of an invasive snail in South America: the giant African snail, *Achatina fulica*», *Brasil. Biol. Invas.* 9, 2007, pp. 1573-1464.

URSPRUNG J., JOACHIM A., PROSL H., « Vorkommen und Bekämpfung des Amerikanischen Riesenleberegels, *Fascioloides magna* », *Wien. Berl. Münch. Tierärztl. Wochenschr.* 119, 2006, pp. 316-323.

UTTER F., « Patterns of subspecific anthropogenic introgression in two salmonid genera », *Rev. Fish. Biol. Fisheries* 10, 2000, pp. 265-279.

VALADE R., KENIS M., HERNANDEZ-LOPEZ A., AUGUSTIN S., MARI MENA N., MAGNOUX E., ROUGERIE R., LAKATOS F., ROQUES A., LOPEZ-VAAMONDE C., « Mitochondrial and microsatellite DNA markers reveal a Balkan origin for the highly invasive horse-chestnut leaf miner *Cameraria ohridella* (Lepidoptera, Gracillariidae) », *Mol. Ecol.* 18, 2009, pp. 3458-3470.

VIÉ J. C., HILTON-TAYLOR C., STUART S. N., (éd.), *Wildlife in a Changing World. An Analysis of the 2008 IUCN Red List of Threatened Species*, IUCN, Gland, 2009.

VILÀ M., BASNOU C., PYŠEK P., JOSEFSSON M., GENOVESI P., GOLLASCH S., NENTWIG W., OLENIN O., ROQUES A., ROY D., HULME P. E., « DAISIE partners, How well do we understand the impacts of alien species on ecosystem services ? A pan-European, cross-taxa assessment » *Front. Ecol. Environ. doi.* 10, 1890/080083, 2009.

WALLENTINUS I., «Sargassum muticum», in GOLLASCH S., MINCHIN D., ROSENTHAL H., VOIGT M., (éd.), *Exotics across the Ocean. Case Histories on Introduced Species : their General Biology, Distribution, Range Expansion and Impact*, Logos, Berlin, 1999.

WALTHER G. R., ROQUES A., HULME P. E., SYKES M. T., PYŠEK P., KÜHN I., ZOBEL M., BACHER S., BOTTA-DUKAT Z., BUGMANN H., CZUCZ B., DAUBER J., HICKLER T., JAROSIK V., KENIS M., KLOTZ S., MINCHIN D., MOORA M., NENTWIG W., OTT J., PANOV V. E., REINEKING B., ROBINET C., SEMENCHENKO V., SOLARZ W., THUILLER W., VILA M., VOHLAND K., SETTELE J., *Alien species in a warmer world - risks and opportunities*, TREE 24, 2009, pp. 686-693.

WILLIAMSON M., *Biological Invasions*, Chapman & Hall, Londres, 1996.

WINTER M., KÜHN I., LA SORTE F. A., SCHWEIGER O., NENTWIG W., KLOTZ S., « Are we starting to face a Homogocene ? – The role of non-native plants and vertebrates in defining patterns of compositional dissimilarity within and across continents », *Global Ecol. Biodiv.* in press, 2009a.

Winter M., Schweiger O., Klotz S., Nentwig W., Andriopoulos P., Arianoutsou M., Basnou C., Delipetrou P., Didziulis V., Hejda M., Hulme P. E., Lambdon P., Pergl J., Pyšek P., Roy D. B., Kühn I., *Losing uniqueness: plant extinctions and introductions lead to phylogenetic and taxonomic homogenization of the European flora,* PNAS in press, 2009b.

Wittenberg R., (éd.), «Invasive alien species in Switzerland. An inventory of alien species and their threat to biodiversity and economy in Switzerland», *Environmental studies* 29, Office fédéral de l'environnement, Berne, 2005.

Wittenberg R, Cock M. J. W., (éd.), *Invasive alien species. A toolkit of best prevention and management practices*, CAB International, Wallingford, 2001.

Ziswiler V., *Bedrohte und ausgerottete Tierarten*, Springer, Berlin, 1965.

Sites web

F : français, E : anglais, G : allemand, I : italien, P : polonais

www.aquaticinvasions.net
Revue online traitant d'invasions par la voie aquatique (continent et côtes) d'Europe, d'Amérique du Nord et d'autres régions. (E)

www.bretagne-environnement.org/especes-invasives/
Observatoire de la biodiversité et du patrimoine naturel en Bretagne. Problématiques, définitions, recherches, listes, fiches espèces. (F)

www.cameraria.de
Un microlépidoptère envahit l'Europe : la pyrale du marronnier, *Cameraria ohridella*. Site du projet. (E, G)

www.cbd.int
Convention on Biological Diversity
Site officiel de cet accord international. (E, F, entre autres)

www.ciesm.org/atlas
CIESM atlas of exotic species in the Mediterranean. Base de données libre d'accès d'espèces non indigènes de la Méditerranée. (E)

www.cps-skew.ch/francais/plantes_exotiques/
information_sur_les_plantes_exotiques_envahissantes.html
Informations sur les plantes invasives de Suisse. (F, G, E, I)

www.eppo.org
European Plant Protection Organisation. Base de données d'accès libre concernant les ravageurs des végétaux. (E)

www.europe-aliens.org
Delivering alien invasive species inventories for Europe. Base de données d'accès libre de DAISIE concernant 11 000 espèces non indigènes d'Europe et 2000 experts. (E)

www.floraweb.de/neoflora/
Plantes invasives d'Allemagne. (G)

www.giant-alien.dk
Giant alien. Site du projet d'un ancien projet UE pour la lutte contre la berce du Caucase *Heracleum mantegazzianum*; brochures sur la biologie et la lutte, libres d'accès, en huit langues, dont E, F, G.

www.gisp.org
The Global Invasive Species Programme.
Organisation internationale qui a pour but l'échange d'informations, le conseil politique et l'information du public au sujet des espèces invasives. (E)

www.ias.biodiversity.be/
Invasive species in Belgium. Base de données sur les espèces invasives en Belgique. (E, F)

www.iop.krakow.pl/ias
Alien species in Poland. Base de données sur les espèces invasives de Pologne. (E, P)

www.issg.org/database/welcome/
Global invasive species database avec 100 des pires espèces invasives non indigènes. Liste libre d'accès, commentée en détail, des 100 espèces invasives les plus redoutables sur le plan mondial, et informations sur d'autres espèces invasives. (E)

www.nobanis.org
European network on invasive alien species. Informations libres d'accès avec de nombreuses fiches signalétiques «*Fact sheets*» sur les espèces invasives de l'Europe du Nord et de l'Est. (E)

INDEX

L'AUTEUR

Wolfgang Nentwig est professeur d'écologie à l'Institut d'écologie et d'évolution de l'Université de Berne. Ses recherches portent notamment sur l'écologie des espèces invasives, sur les plantes transgéniques et sur la macro-écologie des araignées en Europe.

SES LIVRES RÉCENTS

Nentwig W. (éd.), *Unheimliche Eroberer, Invasive Pflanzen und Tiere in Europa*, Haupt, Berne, 2011

Nentwig W., Bacher S., Brandl R., *Ökologie kompakt 3*, Spektrum, Heidelberg, 2011, (première édition 2009).

Nentwig W., *Invasive Arten,* Haupt (UTB Profile), Berne, 2010.

DAISIE, Handbook of Alien Species in Europe, Springer, Dordrecht, 2009.

Nentwig W., Bacher S., Brandl R., *Ecologie, Manuel de synthèse*, Vuibert, Paris, 2009.

Nentwig W. (éd.), « Biological invasions », in *Ecological Studies* 193, Springer, Berlin, 2008.

Nentwig W., *Humanökologie*, Springer, Heidelberg, 2005.